science·i

金属の
ふしぎ

地球はメタルでできている！
楽しく学ぶ金属学の基礎

齋藤勝裕

JN282626

SoftBank Creative

本文デザイン・アートディレクション：クニメディア株式会社
カバー・本文イラスト：保田正和

はじめに

　私たちはいろいろな金属に囲まれて生活しています。木造家屋なら釘が使われていますし、コンクリート住宅ならコンクリートの中にはたくさんの**鉄**骨、**鉄**筋が入っています。窓枠は**アルミニウム**ですし、電線には**銅**が使われています。女性の襟元(えりもと)には**金**(ゴールド)や**白金**(プラチナ)が光っていますし、現代科学を支えているのは、**ハフニウム**や**インジウム**といった**レアメタル**といわれるものです。

　そればかりではありません。私たちがこうやって読書をしたり考えたりできるのも、金属のおかげなのです。金属がなければ、私たちは生きていくことができません。酸素を細胞に届けて細胞に生化学反応を行わせているのは、ヘモグロビンに含まれている**鉄**です。食物を食べておいしいと感じるのは**亜鉛**のはたらきです。そもそもご飯があるのは植物が光合成でお米を実らせるからであり、その光合成の中心になるのは葉緑素です。そして葉緑素で中心的なはたらきをするのは**マグネシウム**で、これもまた金属なのです。

　私たちは物質世界に生きており、多くの種類の物質に囲まれています。これらの物質はすべて原子でできています。物質の種類は無限大といってよいほど数多くありますが、

原子の種類はわずか90種類ほどしかありません。90種類の原子がさまざまな形で集合し、結合して分子をつくり、その分子や原子が集まって物質をつくっているのです。

そしてこの90種類の原子のうち、なんと約70種類が金属なのです。割合にして7割以上です。いかに金属が重要で大切か、このことからもわかろうというものです。

本書では金属の種類や性質、用途などを、わかりやすくお話ししていきます。金属の専門家や金属を扱う職業の方々だけでなく、金属にはまったくの素人と自負（？）なさる方、あるいは金属とは無縁と思われるお仕事の方にも、楽しく、おもしろく、金属の知識を身につけていただくために書かれた本です。

ですから、約70種類の金属ほとんどすべてをひと通り扱っています。そして、一般の方々になじみの深い金属をより多くご紹介しています。鉄、アルミニウム、銅、亜鉛、鉛などの**汎用金属**あるいは**コモンメタル**と呼ばれる一群や、金、銀、白金などの**貴金属**です。

また金属を見る視点も、できるだけ一般読者の視点に近づけるため、幅広い視点から眺めています。それだけ、生活に密着した視点に立っていると思います。

本書ではまず、金属を含めて原子とはどのようにしてでき、どのような大きさでどのような形をしているのか？という疑問から見ていきます。宇宙や地球にはどのような元素、あるいは金属がどのような割合で存在するのでしょう？　その物理的な性質はどうなのでしょう？　なぜ金属

は髪の毛のように細い針金の形に延び、紙のように薄くなるのでしょう？　なぜ金属は電気を通すのでしょう？　水素ガスを吸収する金属があるといいますが、なぜ金属が気体を吸収するのでしょうか？

　金属の本質は、化学的なところに存在するのかもしれません。地殻から掘りだした鉱石から金属を取りだすのはどのようなしくみなのでしょうか？　なぜ金属は錆びるのでしょう？　なぜ金属は電池になるのでしょう？　燃料電池は金属がないと動かないというのは本当でしょうか？

　さらに、生命と健康の観点から見た金属の性質があります。金属はミネラルの主成分です。ミネラルウォーターは金属いっぱいの水なのです。硬水と軟水の違いは、含まれるミネラルの量の問題なのです。金属は健康に欠かせないと同時に、多量の金属は有害になります。水俣病などの公害問題を忘れるわけにはいきません。

　このように、金属の話題は尽きることがありません。本書はこのような話題をわかりやすく、かつ楽しく説明したものです。きっとみなさんの知的好奇心を満足させ、読んでよかったと思っていただけるものと思います。

　最後に、本書の発行にあたって並々ならぬ努力をしてくださったサイエンス・アイ編集部の石さん、また楽しくわかりやすいイラストを描いてくださった保田正和さんに感謝します。

平成20年5月　齋藤勝裕

CONTENTS

はじめに ... 3
第Ⅰ部　金属の種類と性質 ... 9
1章　地球は金属でできている ... 9
- 1-1　すべてはビッグバンから始まった ... 10
- 1-2　元素には金属と非金属がある ... 12
- 1-3　地球は金属からできている ... 14
- 1-4　金属は原子からできている ... 16
- 1-5　原子核をつくるもの ... 18
- 1-6　金属ウラン原子には2種類ある ... 20
- 1-7　金属は陽イオンになる ... 22
- 1-8　金属が大半を占める周期表 ... 24
- 1-9　元素の性質の周期性 ... 26
- 1-10　典型元素と遷移金属元素 ... 28
- コラム　不思議な鉄 ... 30

2章　金属の物理的性質 ... 31
- 2-1　原子は結合する ... 32
- 2-2　金属の延性と展性 ... 34
- 2-3　金属と結晶 ... 36
- 2-4　アモルファス金属とガラス ... 38
- 2-5　高圧線はアルミニウム ... 40
- 2-6　電気抵抗0の超伝導 ... 42
- 2-7　磁性をもつのは金属だけではない ... 44
- 2-8　ガラス改質剤としての金属 ... 46
- 2-9　光を発する ... 48
- コラム　金属疲労 ... 50

3章　金属の化学的性質 ... 51
- 3-1　水と反応して火を噴く ... 52
- 3-2　酸素と反応して錆びる ... 54
- 3-3　金属の精錬は酸化還元反応である ... 56
- 3-4　精錬の実際の反応 ... 58
- 3-5　酸化・還元で決まる陶磁器の色 ... 60
- 3-6　酸と反応して溶ける ... 62
- 3-7　2種類の金属があれば電池ができる ... 64
- 3-8　金属の触媒作用 ... 66
- 3-9　燃料電池と太陽電池 ... 68
- 3-10　電気分解と電気メッキ ... 70
- コラム　酸・塩基・アルカリとは? ... 72

4章　金属と生体 ... 73
- 4-1　ミネラルは金属 ... 74
- 4-2　水とミネラルと硬度 ... 76
- 4-3　硬水と軟水 ... 78
- 4-4　微量金属と健康 ... 80
- 4-5　重金属と公害 ... 82
- 4-6　犯罪の影の金属毒 ... 84

4-7	誤った用法	86
4-8	1殺50億円	88
コラム	酸性酸化物と塩基性酸化物	90

5章 金属の種類 … 91

5-1	典型金属と遷移金属	92
5-2	軽金属と重金属	94
5-3	コモンメタルとレアメタル	96
5-4	合金の種類と性質	98
5-5	機能性金属 Ⅰ	100
5-6	機能性金属 Ⅱ	102
5-7	放射能と放射線	104
5-8	放射性金属と超ウラン元素	106
5-9	原子炉の燃料としての金属	108
コラム	灰汁はなぜ塩基性？	110

第Ⅱ部 金属各論 … 111

6章 鉄の性質と利用 … 111

6-1	黒い金属	112
6-2	鉄は現代文明の土台	114
6-3	眠りを知らない溶鉱炉	116
6-4	炭素が決める軟鉄と鋼鉄	118
6-5	結晶構造を決める「焼き入れ」	120
6-6	ステンレスはなぜ錆びないのか？	122
6-7	「もののけ姫」と和鉄	124
6-8	日本刀の秘密	126
6-9	ヘモグロビンと葉緑素	128
コラム	染料と金属	130

7章 銅とアルミニウム … 131

7-1	赤い金属	132
7-2	銅鉱石の精錬	134
7-3	青銅・真鍮・砲金	136
7-4	三角コーナーに銅を使う理由	138
7-5	クレオパトラのアイシャドウ	140
7-6	ボーキサイトと氷晶石	142

CONTENTS

	7-7	ナポレオン三世とアルミニウム	144
	7-8	缶ビールとアルミホイル	146
	7-9	ルビーとサファイア	148
コラム		炎色反応	150

8章 鉛・スズ・亜鉛・水銀 ... 151

8-1	青い金属	152
8-2	石油と鉛	154
8-3	スズ	156
8-4	亜鉛	158
8-5	液体の金属(水銀)	160
8-6	黄金の奈良の大仏(アマルガム)	162
コラム	皇帝たちの愛用した毒	164

9章 金・銀・白金 ... 165

9-1	金の純度=カラット	166
9-2	金箔は青い?	168
9-3	金は溶けない?	170
9-4	世界経済と金	172
9-5	銀の性質	174
9-6	写真と銀	176
9-7	白金はホワイトゴールドか?	178
コラム	装飾の金	180

第Ⅲ部 その他の金属の種類と性質 ... 181

10章 レアメタル ... 181

10-1	レアメタルの種類	182
10-2	なぜレアといわれるの?	184
10-3	典型金属のレアメタル Ⅰ	186
10-4	典型金属のレアメタル Ⅱ	188
10-5	遷移金属のレアメタル Ⅰ	190
10-6	遷移金属のレアメタル Ⅱ	192
10-7	レアアースメタルの用途	194
10-8	レアメタルの将来	196
コラム	金属に代わるものは有機物?	198

11章 その他の金属 ... 199

11-1	ナトリウム・カリウム	200
11-2	神経伝達とナトリウムチャネル	202
11-3	マグネシウム・カルシウム	204
11-4	テクネチウム・ルテニウム・オスミウム・イリジウム	206
11-5	カドミウム・ポロニウム	208
コラム	液体の金属	209
11-6	アクチノイド	210
	索引	212
	参考文献	214

サイエンス・アイ新書

第Ⅰ部
金属の種類と性質

1章
地球は金属でできている

すべての物質は原子でできています。しかし原子の種類は全部で90種ほどに過ぎません。そのうち7割以上を金属元素が占めており、いわば地球は金属でいっぱいという状態なのです。金属の性質の基礎的なものとして、原子の構造と性質を見ておくことにしましょう。

1-1 すべてはビッグバンから始まった

　宇宙は物質でできています。宇宙には年齢があります。137億歳というとんでもない年齢です。宇宙は137億年ほど前の「ビッグバン」によってできたと考えられています。このときに"物質の素(もと)"とでもいうようなものが爆発して飛び散ったのが、宇宙の始まりです。ですから、物質はもとより、それが入る空間、飛び散っている時間、すべてがビッグバンから始まったのです。

　飛び散った物質は「水素原子(すいそげんし)」になりました。したがって、この水素原子の存在する空間が宇宙であり、水素は飛び続けていますから、いまでも宇宙は膨張し続けているものと考えられます。宇宙を埋めつくす水素には、やがて場所によって濃淡ができ、万有引力のおかげで、濃いところにはさらに水素が集合しました。

　高密度で集合した水素は熱をもち、その熱はやがて非常な高温になりました。その結果、水素原子が融合して、新しい大きな原子になりました。これが「ヘリウム原子」であり、この反応を「核融合反応(かくゆうごう)」といいます。核融合反応は膨大なエネルギーを発生します。このような状態にある水素の集合体が太陽のような「恒星(こうせい)」なのです。

　時間がたつと、恒星の水素はほとんどがヘリウムになってしまいます。すると今度はヘリウムが融合して、さらに大きな原子が誕生します。このようにして、恒星では次々に大きな原子が誕生しました。しかし、恒星にも寿命があります。いつか恒星は爆発して粉々(こなごな)に飛び散ります。このようにして、宇宙にはさまざまな原子が存在するようになったのです。

　地球はこのような原子が集まってできた物体です。地球は物質

でできています。物質のすべては原子でできています。物質の種類は無限です。しかし、原子の種類は有限です。有限どころではありません。地球上に安定して存在する原子は、わずか**90種類**ほどにすぎません。この約90種類の原子がいろいろに組み合わさって無限大種類ともいえる分子を形づくり、その分子が集まって物質をつくっているのです。

すべてはビッグバンから

核融合反応

$H + H → He + エネルギー$

ヘリウムが結合してさらに大きな原子が次々に生まれる

ビッグバン
水素原子ができる

地球はひとつ！

さまざまな原子が集まって地球ができる
（地球：約90種類の原子が集まってきた物体）

1-2 元素には金属と非金属がある

　一定の体積と質量（重さ）をもったものを「**物質**」といいます。原子は非常に小さいものですが物質です。「**原子**」と同じような意味で使われる用語に「**元素**」というものがあります。元素は物質ではありません。元素は原子の集合を表す言葉です。私たち1人ひとりの個人を"原子"だとすれば、それがたくさん集まった日本人全体を"元素"と呼ぶ、というような関係です。

　地球の自然界に存在する90種類の元素には、いろいろな性質と特徴があります。空気をつくっている酸素や窒素のように標準状態（0℃、1気圧）で気体のものもあれば、臭素や水銀のように液体のものもあれば、硫黄や鉄のように固体のものもあります。

　元素を金属かどうかで分類する方法もあります。そのように分類すると、金や鉄はまぎれもなく「**金属**」です。そして酸素や水素は間違いなく「**非金属**」です。ところが、非金属でありながら、多少は金属の性質ももつという、どっちつかずのものもあります。これらを「**半金属**」や「**半導体**」などといいます。

　それでは金属というのは、どのようなものでしょうか？　ある元素が金属として分類されるためには、満たさなければならない性質があります。それは次の3つです。**①金属光沢があること　②展性・延性があること　③電気伝導性があること**

　この3つの定義にしたがって分類すると、約90種類の元素のうち、非金属は半導体も含めてわずか21種類にすぎません。残り70種類ほどはすべて金属なのです。いかに金属元素の種類が多いか、わかるというものではないでしょうか？

　右図は「**周期表**」というものです。周期表についてはのちほどく

1章 地球は金属でできている

わしく説明しますが、元素を一定の法則にしたがって並べたものです。ここに金属元素、半金属元素と非金属元素を示しました。左上にある水素を除くと、すべての非金属元素は周期表の右側、特に右上にあることがわかります。

金属元素ってなんだろう？

原子と元素の違い

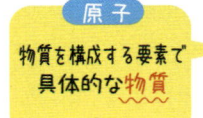

原子：物質を構成する要素で具体的な**物質**

元素：原子番号の同じ原子の集合を表す概念
（水素の同位体はみな水素元素である）

↓

地球上の自然界には約90種の元素が存在する。そして…

その多くが『金属元素』だビッ！

よろしくお願いします

金属元素のメタルちゃん
（ひかる・のびる・電気をとおす）

【表】周期表上の「半金属」と「非金属」

族\周期	1	2	3	4	5	6	7	8	9	10	11	12	13	14	15	16	17	18
1	H																	He
2	Li	Be				＝半金属							B	C	N	O	F	Ne
3	Na	Mg				＝非金属							Al	Si	P	S	Cl	Ar
4	K	Ca	Sc	Ti	V	Cr	Mn	Fe	Co	Ni	Cu	Zn	Ga	Ge	As	Se	Br	Kr
5	Rb	Sr	Y	Zr	Nb	Mo	Tc	Ru	Rh	Pd	Ag	Cd	In	Sn	Sb	Te	I	Xe
6	Cs	Ba	ランタノイド	Hf	Ta	W	Re	Os	Ir	Pt	Au	Hg	Tl	Pb	Bi	Po	At	Rn
7	Fr	Ra	アクチノイド	Rf	Db	Sg	Bh	Hs	Mt									
価電子数	1	2											3	4	5	6	7	0

ランタノイド	La	Ce	Pr	Nd	Pm	Sm	Eu	Gd	Tb	Dy	Ho	Er	Tm	Yb	Lu
アクチノイド	Ac	Th	Pa	U	Np	Pu	Am	Cm	Bk	Cf	Es	Fm	Md	No	Lr

1-3 地球は金属からできている

　宇宙にはいろいろな「元素」があります。図1は宇宙に存在する元素の種類と、その相対的な量を表したものです。ビッグバンで最初にできた水素が最も多く、次いでヘリウムが多くなっています。一般に原子番号の小さい元素が多く、大きい元素は少なくなっていますが、それは小さい元素から大きい元素が生まれたことを考えれば当然でしょう。

　地球もいろいろな元素からできています。図2は地球を構成する元素が深度によって変わることを表しています。表面に近い地殻や上部マントルには半金属のケイ素がありますが、内部になると液体や固体の金属になっていることがわかります。すなわち、地球は金属の球の上に半金属の殻をかぶせたような構造になっているのです。

　このような重層構造になったのは、地球が誕生した当初には全体がドロドロに溶けた灼熱の溶液(溶岩)状態だったためと考えられています。つまり、溶液状態で流動的だったため、鉄やニッケルのような重い金属が下部に沈み、軽いケイ素やマグネシウムが上部に浮いたのです。

　私たちが採掘したりして直接観察できる地殻は、多くの元素でできています。地殻には、化学結合しない希ガス元素を除くすべての元素が存在します。それらの元素の存在割合をppm単位で表した数値をまとめた「クラーク数」というものがあります。図2の下の表にクラーク数の大きい元素を載せています。

　最も多量に存在するのは酸素です。「気体の酸素がなぜ大地にあるの?」と思うかもしれませんが、酸素はほとんどすべての元素と

反応します。ほとんどすべての金属は、地中にあるときは酸化物になっています。このため、酸素が多くなるのです。2番目はケイ素です。ケイ素は岩石をつくるものです。軽いから地球表面に多く存在するのです。3番目は軽い金属のアルミニウムで、4番目は金属の代表ともいうべき鉄です。その後8番目までは金属で、9番目に地殻に含まれる地下水などをつくる水素が登場します。しかし、そのあとはまた金属になります。

このように、地球は金属でできていることがよくわかります。

宇宙と地球の構成元素

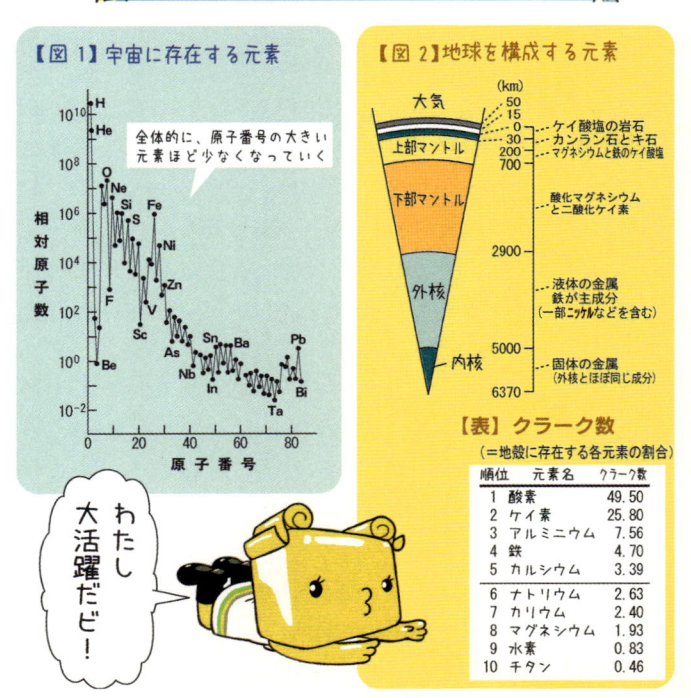

【図1】宇宙に存在する元素

全体的に、原子番号の大きい元素ほど少なくなっていく

【図2】地球を構成する元素

- 大気
- 上部マントル — ケイ酸塩の岩石 / カンラン石とキ石 / マグネシウムと鉄のケイ酸塩
- 下部マントル — 酸化マグネシウムと二酸化ケイ素
- 外核 — 液体の金属 鉄が主成分（一部ニッケルなどを含む）
- 内核 — 固体の金属（外核とほぼ同じ成分）

【表】クラーク数
（＝地殻に存在する各元素の割合）

順位	元素名	クラーク数
1	酸素	49.50
2	ケイ素	25.80
3	アルミニウム	7.56
4	鉄	4.70
5	カルシウム	3.39
6	ナトリウム	2.63
7	カリウム	2.40
8	マグネシウム	1.93
9	水素	0.83
10	チタン	0.46

わたし大活躍だピ！

1-4 金属は原子から
       できている

　化学的に見た場合、物質をつくる最小の粒子は原子と考えられています。"化学的"に、と限定したのには理由があります。もしこの限定を取り除くと、物質を構成する最小の粒子は「素粒子」となり、その正体は現代科学をもってしても、ハッキリしないということになってしまうからです。

　原子は雲でできた球のようなものです。雲のように見えるのは複数の電子（記号：e）からできた「電子雲」です。1個の電子は-1の電荷をもっていますので、Z個の電子からできた電子雲は-Zの電荷をもつことになります。

　原子は非常に小さく、その直径は10^{-10}mのオーダーです。10^{-9}mを「ナノメートル」といいますから、10^{-10}mは0.1ナノメートルです。現代はナノテクの時代といいますが、ナノテクのナノはナノメートルのナノです。つまり、ナノテクとは数個の原子が並んだ大きさの物質を扱う技術なのです。数個の原子が並んだ物質とは分子のことです。すなわちナノテクとは、分子を1個1個扱う技術ということができるのです。

　原子の大きさを実感するには、例を用いるのが一番です。原子を拡大してピンポン玉の大きさにしたとしましょう。このとき、ピンポン玉を同じ拡大率で拡大すると、地球くらいの大きさになります。そう考えると、原子の小ささがイメージできるのではないでしょうか？

　電子雲の中心には小さな原子核があります。原子核の直径は原子の約1万分の1です。原子核を直径1cmの球とすると、原子の直径は1万cm、すなわち100mになります。東京ドームを2個貼

1章 地球は金属でできている

り合わせた巨大ドラ焼きを原子とすると、原子核はピッチャーマウンドに置いたパチンコ玉、という関係になります。このように、原子核は非常に小さいのですが、原子の質量の99.9％以上は原子核にあるのです。

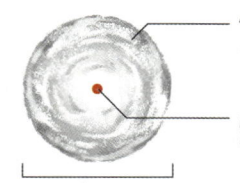

原子とは

原子の構造

金属は原子からできているニャ

- 電子雲（複数の電子）
- 原子核（直径：原子の1万分の1）

原子（直径：0.1ナノメートル）

❶ 原子はとても小さい！

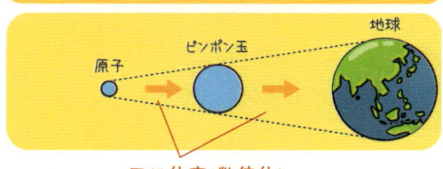

原子 → ピンポン玉 → 地球

同じ倍率（数億倍）

❷ 原子核はもっともっと小さい！

原子核 原子 （1：1万）　　パチンコ玉 東京ドーム×2 （1：1万）

同じ比率

原子核はすごく小さいけど原子の質量のほとんどを占めてるんだビ！

1-5 原子核をつくるもの

「原子核」は非常に小さく、重いものですが、それでも構造をもっています。原子核は複数の粒子である「陽子(記号：p)」と「中性子(記号：n)」からできているのです。陽子と中性子の質量はほぼ等しく、化学ではこれらの重さを一種の単位と考え、それぞれの重さを1質量数とします。すなわち、陽子も中性子も質量数=1です。中性子は名前の通り、電気的に中性です。しかし、陽子はプラスの電荷をもっており、その電荷量は電子の−1に対して+1になっています。

中性の原子では、原子核を構成する陽子の個数(Zとしましょう)と、電子雲を構成する電子の個数Zは等しくなっています。そのため、原子核の電荷+Zと電子雲の電荷−Zはつり合いますので、原子の電荷は0となります。

原子核を構成する陽子の個数を「原子番号」といい、記号Zで表します。また陽子と中性子の個数の和を「質量数」といい、Aで表します。原子の種類は「元素記号」で表されますが、ZとAはそれぞれ元素記号の左下、左上につけて表します。

元素記号は原子の名前を表す英語、フランス語、ラテン語などの頭文字を組み合わせてつくることが多いです。たとえば銅(Cu)はラテン語のCuprumから、タングステン(W)はドイツ語のWolframから取ったものです。しかし元素名そのものは、チタン(Ti)のようにギリシア神話にでてくる巨人族タイタンから取ったものもあり、ポロニウム(Po)のように国名Poland(ポーランド)からつけられたものもあり、ノーベリウム(No)のように人名Nobel(ノーベル賞のノーベルです)をつけたものまで、いろいろです。

1章 地球は金属でできている

　最も小さい原子である水素原子（元素記号：H、Hydrogen）は、1個の陽子から成る原子核と1個の電子からできています。したがって水素の原子番号はZ=1であり、質量数はA=1となります。原子炉の燃料になる金属ウラン（U）は原子核と92個の電子からできています。そして原子核は92個の陽子と143個の中性子からできています。したがって、ウランの原子番号は92、質量数は235となります。しかし、原子核はそれほど単純ではありません。続きは次節でくわしく見ていきましょう。

原子核の構成と原子の特徴

原子核の構成

電子(e) / 原子 / 中性子(n) / 陽子(p) / 原子核

原子の電気的性質

- 中性子 …… 中性
- 陽子 …… ＋
- 電子 …… －

かならず陽子と電子の数はつりあっている ⇒ 原子は中性になる

原子の質量

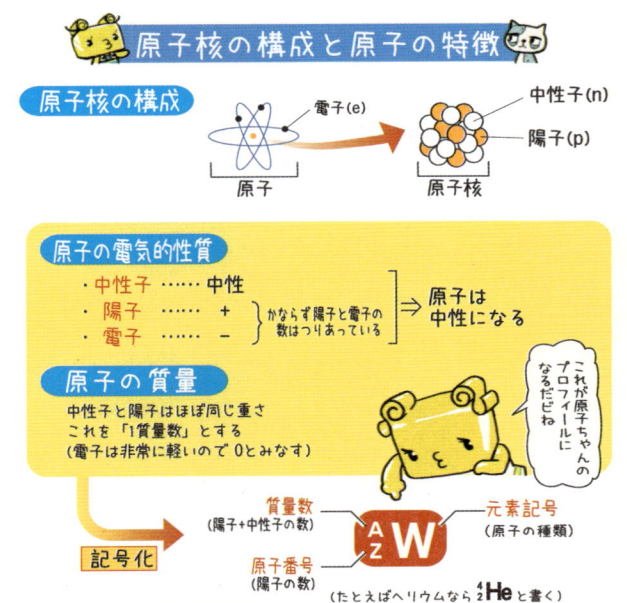

中性子と陽子はほぼ同じ重さ
これを「1質量数」とする
（電子は非常に軽いので 0 とみなす）

これが原子ちゃんのプロフィールになるビビねぇ

記号化

$^{A}_{Z}W$

- 質量数（陽子＋中性子の数）
- 原子番号（陽子の数）
- 元素記号（原子の種類）

（たとえばヘリウムなら $^{4}_{2}He$ と書く）

【表】原子の構成要素別の質量数

名前			記号	電荷	質量（kg）	質量数
原子		電子	e	-1	9.1094×10^{-31}	0
	原子核	陽子	p	+1	1.6722×10^{-27}	1
		中性子	n	0	1.6749×10^{-27}	1

1-6　金属ウラン原子には2種類ある

　しかし、同じ原子の原子核でも中性子数の異なるものがあります。水素には3種類の原子があります。(軽)水素（H）、重水素（元素記号は^{2}Hですが記号Dで表します）、三重水素（^{3}H、T）です。Hの原子核は陽子だけでできています。ですからZ＝1、A＝1です。Dの原子核は1個の陽子と1個の中性子からできています。ですから、Z＝1、A＝2です。Tの原子核は1個の陽子と2個の中性子からできていますので、Z＝1、A＝3となります。このように、原子番号が同じで質量数の異なる原子を「同位体」といいます。あとで解説しますが、原子の化学的性質を決定するのはおもに電子です。そのため、電子数の等しい同位体の化学的性質はほぼすべて等しいといってもかまいません。重さだけが異なるのです。

　すべての元素は同位体をもっていますが、通常、その割合は大きく異なります。水素の場合にはHが99.98％、Dが0.02％で、Tはほとんど0％です。

　ウランの場合には、質量数235の^{235}Uのほかに質量数238の^{238}Uが存在します。その割合は0.7％と99.3％です。原子炉で燃料として使うことのできるのは^{235}Uですが、それはわずか0.7％にすぎず、99.3％は燃料として使われない^{238}Uなのです。

　ウランから^{235}Uを除いた残りを「劣化ウラン」といいます。ウランは比重が20近くもあります（鉄の比重は7.6にすぎません）ので、銃弾にすると運動量が大きくなり、戦車などの装甲板をも貫くことができます。そのため、徹甲弾、徹甲爆弾として戦場で使われました。しかし、ウランは燃えやすく、また放射能があるため、戦場が放射能で汚染されていると指摘されることもあります。

すべての元素は同位体をもつ

同位体 ＝ 同じ元素だが中性子の数が異なる原子
（陽子と電子の数は同じ）

（例）水素の同位体

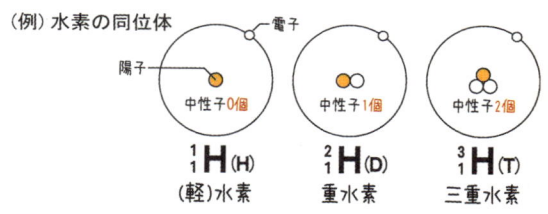

$_1^1H$ (H)
(軽)水素　中性子0個

$_1^2H$ (D)
重水素　中性子1個

$_1^3H$ (T)
三重水素　中性子2個

同位体の化学的性質はすべて同等

【表】おもな同位体とその存在比率

元素名	水素			炭素		酸素		塩素		ウラン	
記号	^1H (H)	^2H (D)	^3H (T)	^{12}C	^{13}C	^{16}O	^{18}O	^{35}Cl	^{37}Cl	^{235}U	^{238}U
陽子数	1	1	1	6	6	8	8	17	17	92	92
中性子数	0	1	2	6	7	8	10	18	20	143	146
存在比(%)	99.98	0.015	ごく微量	98.89	1.11	99.76	0.20	75.77	24.23	0.7	99.3

同位体の割合は元素によって異なる

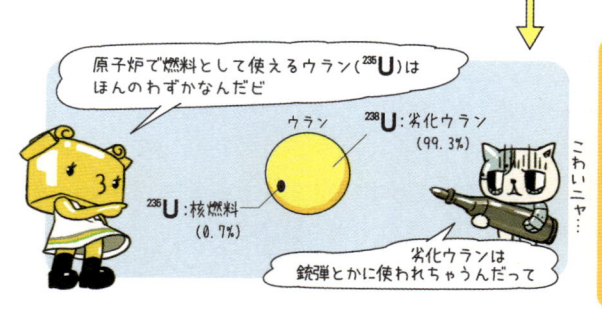

原子炉で燃料として使えるウラン(^{235}U)はほんのわずかなんだビ

ウラン
^{238}U：劣化ウラン (99.3%)
^{235}U：核燃料 (0.7%)

劣化ウランは銃弾とかに使われちゃうんだって

こわいニャ…

同位体はそれぞれに異なる用途をもっている

1-7 金属は陽イオンになる

　原子は原子番号に等しいだけの電子をもちます。これらの電子には、それぞれ所定の収納場所があります。これを「電子殻」といいます。電子殻は原子核の周りに球殻状に存在し、原子核に近いものから順に**K殻、L殻、M殻**…と、アルファベットのKから始まる順の名前がつけられています。電子殻には「量子数」という数字があり、それはK殻（1）、L殻（2）、M殻（3）…というように増えていきます。電子殻に入ることのできる電子の最大数は決まっており、それはK殻（2個）、L殻（8個）、M殻（18個）などとなり、量子をnとすると$2n^2$（2nの二乗）になっています。

　電子殻に定員いっぱいの電子が入った状態を「閉殻構造」といい、閉殻構造には特別の安定性があります。そのため、原子は余分な電子を放出して陽イオンとなったり、足りない電子を受け入れて陰イオンになったりして、閉殻構造になろうとします。

　原子番号3のリチウム（Li）を見てみましょう。この原子がL殻の電子を放りだすと、電子はK殻の2個だけとなり、K殻がいっぱいになった閉殻構造になり、安定します。1個の電子を放出したリチウムは、電気的に中性の状態より電子が1個少なくなるのですから、+1の電荷をもつことになります。このように電荷をもった原子や分子を「イオン」といいます。

　反対に、フッ素（F）はL殻に7個の電子をもっています。L殻にもう1個の電子が入ると、L核の電子数は8個となり、閉殻構造となって安定します。このため、フッ素は－1価のフッ化物イオン（F^-）になりやすいことになります。

　電子が入っている電子殻のうち、最も外側にあるものを

「最外殻」といい、最外殻に入っている電子を「最外殻電子」といいます。原子の性質は、最外殻に何個の電子をもっているかによって決まります。最外殻に入っている電子はイオンの価数を決めることになるので、特に「価電子」と呼ばれます。

化学反応は原子と原子の衝突によって起こります。原子が衝突するとき、実際に接するのは最も外側にある軌道の電子、すなわち最外殻電子です。原子を1つの国家、化学反応を国家同士の衝突、すなわち戦争にたとえると、最外殻は国家の境目、国境、すなわちfrontierです。このため、最外殻電子をフロンティア軌道電子と呼ぶことがあります。

この考え方は、1981年にノーベル化学賞を受賞した福井謙一先生のフロンティア軌道理論によるものです。

電子殻と閉殻構造

電子殻	定員数	量子数(n)
M殻	18個	3
L殻	8個	2
K殻	2個	1

($2n^2$個)

電子は内側から順に埋まっていく

安定した閉殻構造にある原子

原子はこの閉殻構造になろうとして電子を出し入れするんだニャ!

陽イオン
OUT
(例) 原子番号3 リチウム
L殻の電子を放出し1価の電荷を帯びた陽イオン Li^+ になる

陰イオン
IN
(例) 原子番号9 フッ素
L殻に電子を受け入れて-1価の電荷を帯びた陰イオン F^- になる

希ガス
Good!
(例) 原子番号10 ネオン
初めから安定しているため化合物をほとんどつくらない

1-8 金属が大半を占める周期表

　右図は**周期表**といわれるものであり、原子を原子番号の順に並べたものです。周期表にはいくつかの種類があります。ここで示したものは長周期表といわれる種類で、最近、日本化学会が推薦するものであり、すぐれた性質をもつ表です。しかし、以前の教科書に載っていた表は短周期表といわれるものでしたし、その気になれば、芸術的？なものだってつくれないわけではありません。

　下図に示した周期表は、ユニークな形だと思いませんか？　しかし、ここには化学のエッセンスがにじみでていると思います。化学はある意味で職人的な学問です。職人がつくるものは工芸といわれます。しかし、最高の芸術作品はときに工芸作品でもあるのです。周期表はいわば化学のエッセンスです。その周期表にこのような表現の自由さが残されているというのは、化学が思いのほか自由な学問であることを示しているのではないでしょうか？

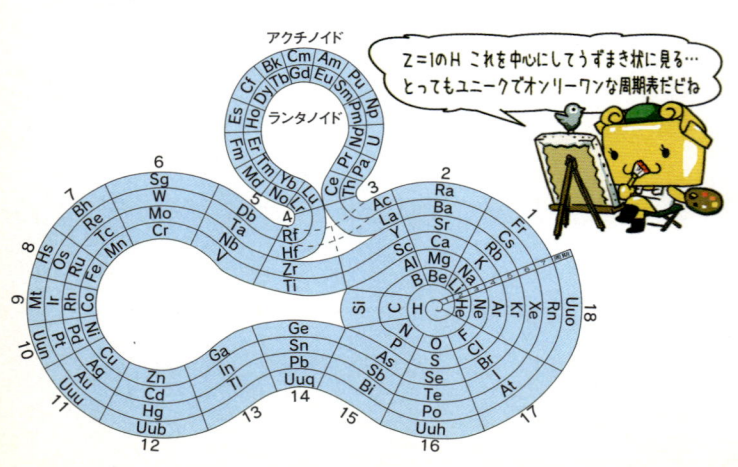

1章 地球は金属でできている

一般的な周期表についてはここからくわしく見ていくニャ〜!

族	1	2		3	4	5	6	7	8	9	10	11	12	13	14	15	16	17	18
周期																			
1	1 H 水素 1.008																		2 He ヘリウム 4.003
2	3 Li リチウム 6.941	4 Be ベリリウム 9.012												5 B ホウ素 10.81	6 C 炭素 12.01	7 N 窒素 14.01	8 O 酸素 16.00	9 F フッ素 19.00	10 Ne ネオン 20.18
3	11 Na ナトリウム 22.99	12 Mg マグネシウム 24.31												13 Al アルミニウム 26.98	14 Si ケイ素 28.09	15 P リン 30.97	16 S 硫黄 32.07	17 Cl 塩素 35.45	18 Ar アルゴン 39.95
4	19 K カリウム 39.10	20 Ca カルシウム 40.08		21 Sc スカンジウム 44.96	22 Ti チタン 47.87	23 V バナジウム 50.94	24 Cr クロム 52.00	25 Mn マンガン 54.94	26 Fe 鉄 55.85	27 Co コバルト 58.93	28 Ni ニッケル 58.69	29 Cu 銅 63.55	30 Zn 亜鉛 65.41	31 Ga ガリウム 69.72	32 Ge ゲルマニウム 72.64	33 As ヒ素 74.92	34 Se セレン 78.96	35 Br 臭素 79.90	36 Kr クリプトン 83.80
5	37 Rb ルビジウム 85.47	38 Sr ストロンチウム 87.62		39 Y イットリウム 88.91	40 Zr ジルコニウム 91.22	41 Nb ニオブ 92.91	42 Mo モリブデン 95.94	43 Tc テクネチウム (99)	44 Ru ルテニウム 101.1	45 Rh ロジウム 102.9	46 Pd パラジウム 106.4	47 Ag 銀 107.9	48 Cd カドミウム 112.4	49 In インジウム 114.8	50 Sn スズ 118.7	51 Sb アンチモン 121.8	52 Te テルル 127.6	53 I ヨウ素 126.9	54 Xe キセノン 131.3
6	55 Cs セシウム 132.9	56 Ba バリウム 137.3	57〜71 ランタノイド	72 Hf ハフニウム 178.5	73 Ta タンタル 180.9	74 W タングステン 183.8	75 Re レニウム 186.2	76 Os オスミウム 190.2	77 Ir イリジウム 192.2	78 Pt 白金 195.1	79 Au 金 197.0	80 Hg 水銀 200.6	81 Tl タリウム 204.4	82 Pb 鉛 207.2	83 Bi ビスマス 209.0	84 Po ポロニウム (210)	85 At アスタチン (210)	86 Rn ラドン (222)
7	87 Fr フランシウム (223)	88 Ra ラジウム (226)	89〜103 アクチノイド	104 Rf ラザホージウム (261)	105 Db ドブニウム (262)	106 Sg シーボーギウム (263)	107 Bh ボーリウム (264)	108 Hs ハッシウム (265)	109 Mt マイトネリウム (268)										

典型元素 — 遷移元素 — 典型元素

ランタノイド: 57 La ランタン 138.9 | 58 Ce セリウム 140.1 | 59 Pr プラセオジム 140.9 | 60 Nd ネオジム 144.2 | 61 Pm プロメチウム (145) | 62 Sm サマリウム 150.4 | 63 Eu ユウロピウム 152.0 | 64 Gd ガドリニウム 157.3 | 65 Tb テルビウム 158.9 | 66 Dy ジスプロシウム 162.5 | 67 Ho ホルミウム 164.9 | 68 Er エルビウム 167.3 | 69 Tm ツリウム 168.9 | 70 Yb イッテルビウム 173.0 | 71 Lu ルテチウム 175.0

アクチノイド: 89 Ac アクチニウム (227) | 90 Th トリウム 232.0 | 91 Pa プロトアクチニウム 231.0 | 92 U ウラン 238.0 | 93 Np ネプツニウム (237) | 94 Pu プルトニウム (239) | 95 Am アメリシウム (243) | 96 Cm キュリウム (247) | 97 Bk バークリウム (247) | 98 Cf カリホルニウム (252) | 99 Es アインスタイニウム (252) | 100 Fm フェルミウム (257) | 101 Md メンデレビウム (258) | 102 No ノーベリウム (259) | 103 Lr ローレンシウム (262)

非金属（気体）
〃 （液体）
〃 （固体）
金属
ランタノイド
アクチノイド

原子番号 元素記号 元素名 原子量

25

1-9 元素の性質の周期性

　周期表の上部には、左から順に1から18までの数字が並んでいます。これを「族」といいます。すなわち数字1の下に並ぶ元素、リチウム (Li)、ナトリウム (Na)、カリウム (K)、などを1族元素といいます。同じ族の元素は互いに似た性質を示します。そのため、族には特有の名前がつけられることがあります。族の名前と簡単な性質は以下の通りです。

1族：アルカリ金属元素（水素を除く）。金属元素である。1価の陽イオンとなる。反応性が激しく、水と爆発的に反応する。

2族：アルカリ土類金属（ベリリウムとマグネシウムを除くこともある）。金属元素である。2価の陽イオンとなる。熱水と反応する。

13族：ホウ素族。3価の陽イオンとなる。ホウ素以外は金属。

14族：炭素族。炭素は非金属、ケイ素とゲルマニウムは半導体であるが、それ以外は金属である。

15族：窒素族。窒素とリンが非金属、それ以外は半導体である。3価の陰イオンになる。

16族：酸素族。酸素とイオウが非金属。それ以外は半導体。2価の陰イオンになる。

17族：ハロゲン。アスタチンが半導体。それ以外は非金属。1価の陰イオンになる。

18族：希ガス。すべて非金属である。イオンにならない。反応性が非常に低い。

　周期表の左端に上から1、2という数字がついていますが、これは周期を表します。1の右側にある元素、水素、ヘリウムを**第1周期の元素**といいます。同様に2の右側は**第2周期の元素**です。

周期表の大切なところは、元素の性質が周期表にしたがって規則的に変化することです。これを「周期性(しゅうきせい)」といいます。例として、原子の直径がどのように変化するかを説明しましょう。

　下表を見れば明らかなように、原子の直径は周期表の上から下に行くほど大きくなります。これは電子の入る電子殻がK、L、Mと、だんだん大きくなるのですから、当然の流れです。

　同じ周期を左から右へいけば、原子番号が増えます。原子番号が増えれば電子数は増加するのですから、原子直径も大きくなりそうなものですが、図では反対に小さくなっています。なぜでしょう？　これは、原子番号が増えれば原子核の陽子数が増え、プラスの電荷が増えることに関係します。つまり、電子がそれだけ強く原子核に引き寄せられるからで、このため、電子殻の直径が小さくなり、原子が小さくなるのです。

(典型)元素の周期性

> 遷移元素にはあてはまらないので注意ニャ

族…各列のグループ。**価電子**の数が同じ。

周期…各行のグループ。**電子殻**が同じ。

【表】原子の半径（単位：pm＝10^{-12}m）

※電子殻の量数が増えて直径が広がる↓

	1	2	13	14	15	16	17	18
1	H 79							He 49
2	Li 205	Be 140	B 117	C 91	N 75	O 65	F 55	Ne 51
3	Na 223	Mg 172	Al 182	Si 146	P 123	S 109	Cl 98	Ar 88
4	K 278	Ca 223	Ga 181	Ge 152	As 133	Se 122	Br 118	Kr 103
5	Rb 298	Sr 245	In 200	Sn 172	Sb 154	Ti 142	I 132	Xe 124

→ 電子殻が同じなら、価電子が増えるほど小さく凝縮する

> 規則があるんだね

1-10 典型元素と遷移金属元素

　前節で見た通り、族で名前のついているものは1、2族と12〜18族の合計9族です。この9つの族を「**典型元素**」といいます。典型元素の特徴は、同じ族は同じ性質を示し、族が異なると性質も異なるという点です。

　典型元素以外の元素、つまり3〜11族を「**遷移元素**」あるいは「**遷移金属**」といいます。遷移元素はすべてが金属元素です。遷移元素の特徴は、族が異なっても性質が大きくは変化しないことです。簡単にいえば、すべての遷移元素が似たような性質をもっているのです。遷移元素という名前は、周期表の左右にある典型元素にはさまれて、徐々に性質を変化（遷移）させるということからつけられました。

　遷移元素がこのような性質をもつ理由は最外殻電子にあります。典型元素では、族が異なると「**最外殻電子（価電子）**」の個数が異なります。そのため、性質が異なります。ところが遷移元素では、族が異なっても最外殻電子の個数はあまり変化しないのです。しかし、原子番号が増えれば電子は増えます。増えた電子は最外殻に入り、その結果、最外殻電子数は変化するのではないでしょうか？

　そうではありません。遷移元素では増えた電子は最外殻に入らず、内側の電子殻の空いたところに入っていくのです。そのため、電子数は増えても、その影響はあまり強く現れないのです。典型元素では電子は外側に入ります。これは人間でいえば、スーツを変えたようなものです。変化はひと目でわかります。しかし、遷移元素では電子は内側に入ります。これはシャツを変えたような

ものです。よく見れば変化はわかりますが、チョット見ただけでは変化ははっきりしません。これが遷移元素です。

遷移元素の変わりものは3族です。3族の第6周期はランタノイド、第7周期はアクチノイドと書かれていますね。そして周期表の欄外にランタノイド、アクチノイドとして、それぞれ15個ずつの元素が書かれています。つまり、ランタノイド、アクチノイドというのは元素のグループの名前で、そのグループはそれぞれ15個ずつの元素でできているのです。

3族のうち上の3つ、すなわちスカンジウム (Sc)、イットリウム (Y)、ランタノイドを「希土類 (レアアースメタル)」といいます。希土類は特有な性質をもち、現代の電子産業に欠かせない金属となっていますが、産出地が限定されていたり、採掘、精錬が困難だったりすることから世界的に不足しており、世界規模の争奪戦が起ころうとしています（くわしくは10章参照）。

典型元素と遷移元素

典型元素
1族・2族と12〜18族
原子番号が増えるにしたがって最外殻電子数が規則的に変化する

1族　2族

族が違うと性質がハッキリ違う

⇔

遷移元素
3〜11族
原子番号が増えても内側の電子殻の隙間に電子が入っていくので最外殻電子数はほとんど変わらない

8族　11族

族が違っても性質はほとんど違わない

不思議な鉄

　鉄はコモンメタル（5-3参照）の代表であり、人類が長いこと付き合ってきた、気心の知れた金属です。

　そのような鉄の中にも、現代技術をもってしても再現できないといわれる不思議な種類のものがあります。それがダマスカス鋼です。ナイフなどに用いられるこの鋼は、不思議な縞模様があり、その美しさは見たものの心を引きつけてやみません。

　ダマスカス鋼は10～18世紀にかけてインドのウーツで生産された鋼であり、それをシリアで刃物に加工したものです。もともとの鉄鉱石が特殊なものであったようで、精錬技術もとだえてしまっています。最近の研究では、本物にはカーボンナノチューブも含まれているとかいうことであり、いよいよ神秘がかっています。類似品はありますが、完全な再現は無理のようです。

　インドの製鉄技術は特殊だったのか、もう1つ不思議なものがあります。デリー郊外の屋外に建っているチャンドラバルマンの鉄柱といわれるものです。紀元415年ごろに建てられたのだそうですから、1600年間雨ざらしにされながらも錆びていないという不思議な鉄です。

　現代技術でもそんな不思議な鉄を後世に残したいものですね。

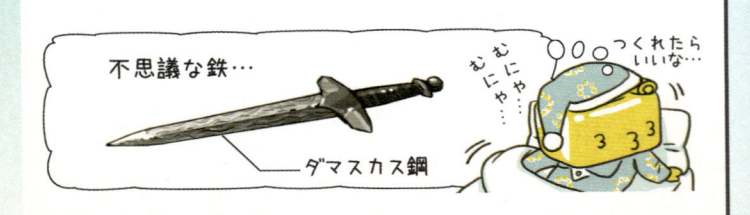

第Ⅰ部
金属の種類と性質

2章
金属の物理的性質

金属は針金に延ばすことができ、箔に広げることもできます。高い電気伝導性をもち、低温では超伝導状態になるものもあります。また、磁石に吸いつくものもあり、自身が磁石になるものもあります。水銀灯や蛍光灯で光をだすのもまた、金属なのです。

2-1　原子は結合する

　すべての物質は原子でできています。しかし、原子そのものでできた物質はほとんどありません。周期表の右端、すなわち18族の「**希ガス元素**」くらいでしょう。気球に入っているヘリウムガスや、ネオンサインに入っているネオンガスは、原子の集まりです。しかし、それ以外の物質は原子が「**化学結合**」(たんに「結合」ともいいます) しているのです。「結合」は原子を接着して物質にする糊のようなものです。

　結合にはたくさんの種類があります。食塩 (塩化ナトリウム：NaCl) を構成する結合は「**イオン結合**」ですし、水を構成する結合は「**共有結合**」です。

　共有結合は複雑で、いろいろな種類があります。水素分子 (H_2) のH—H結合や、メタン (CH_4) のC—H結合は「**単結合**」です。それに対して酸素 (O_2) のO=O結合は「**二重結合**」ですし、窒素 (N_2) のN≡N結合は「**三重結合**」です。そしてこの単結合、二重結合、三重結合は、すべて共有結合なのです。共有結合は、生体を構成する有機物をつくる重要な結合です。

　金属も結合しています。金属では金属原子が結合して、われわれが目にする金属という物質をつくっているのです。金属の結合を「**金属結合**」といいます。金属結合で重要なはたらきをするのが「**自由電子**」です。自由電子はその名の通り、もともと付属していた原子の束縛を離れ、まったく自由気ままに動き回ることができます。

　金属原子 (M) は結合するとき、その価電子を放出して金属イオン (M^{n+}) になります。この放出された価電子を自由電子といいま

す。結合するときには、M^{n+}が三次元に整然と並び、その間に自由電子が入ります。M^{n+}はプラスに荷電していますし、電子はマイナスに荷電しています。したがって、M^{n+}は電子を仲立ちとして結合することになります。

たとえとしては、水槽に木製のボールを積み上げたと思ってください。これが、M^{n+}です。そしてこの間に木工ボンドを流します。木工ボンドが電子です。

このようにして結合したものが「金属」なのです。

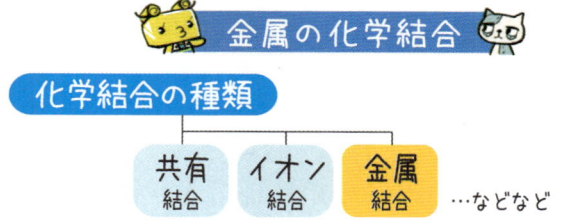

金属の化学結合

化学結合の種類

共有結合 / イオン結合 / 金属結合 …などなど

金属結合のしくみ

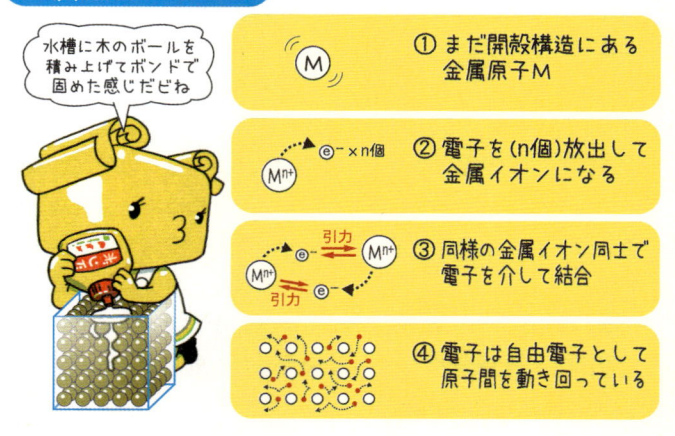

水槽に木のボールを積み上げてボンドで固めた感じだだね

① まだ開殻構造にある金属原子M

② 電子を(n個)放出して金属イオンになる

③ 同様の金属イオン同士で電子を介して結合

④ 電子は自由電子として原子間を動き回っている

2-2 金属の延性と展性

　前節で、「金属結合」は金属陽イオンを結びつける自由電子によるものであることを説明しました。このように、電気的にプラスのものとマイナスのものを結びつける結合には、金属結合のほかに「イオン結合」があります。

　イオン結合は塩化ナトリウム（食塩：NaCl）において、ナトリウム陽イオン（Na^+）と塩素陰イオン（化学的には塩化物イオンという：Cl^-）を結びつける結合です。その本質は「静電引力」です。右図にイオン結合の様子を示しました。

　いま、この結晶をずらして、原子（イオン）1個ぶん移動させたとしましょう。もとの結晶（図1）ではすべての陽イオンは陰イオンに囲まれ、静電引力がはたらいて安定状態になっています。しかし、移動した図2では陽イオンと陽イオン、陰イオンと陰イオンが接しています。そのため静電反発が生じて不安定になります。おそらく、イオン結合の結晶はこのような変化をしようとはしないでしょう。

　図3は金属結合の模式図です。金属陽イオンはマイナスの自由電子（図では省略）に囲まれています。いま、この金属結晶をずらして、原子1個ぶんだけ移動させて図4にしましょう。なにか変化は起きたでしょうか？　イオン結晶の場合と異なり、金属結晶では目立った変化は起きません。ということは、金属ではこのような移動が楽に起きることになります。この動きにより、金属の一大特徴である「延性」と「展性」の秘密を解明できます。金属結合では自由電子のおかげで、結晶を構成する金属イオンの位置移動が楽にできるのです。その結果、長い針金になる（延性）ことも

きれば、薄い箔になる（展性）こともできるのです。

　金閣寺に貼ってある金箔はもとより、アルミ箔であるアルミホイルなど、金属箔は日常生活のさまざまなところで活躍しています。また、電気を通す導線や、宝飾品を構成する細い貴金属線など、針金も私たちの日常生活の必需品になっています。このようなものができるのは、自由電子による金属結合のためなのです。

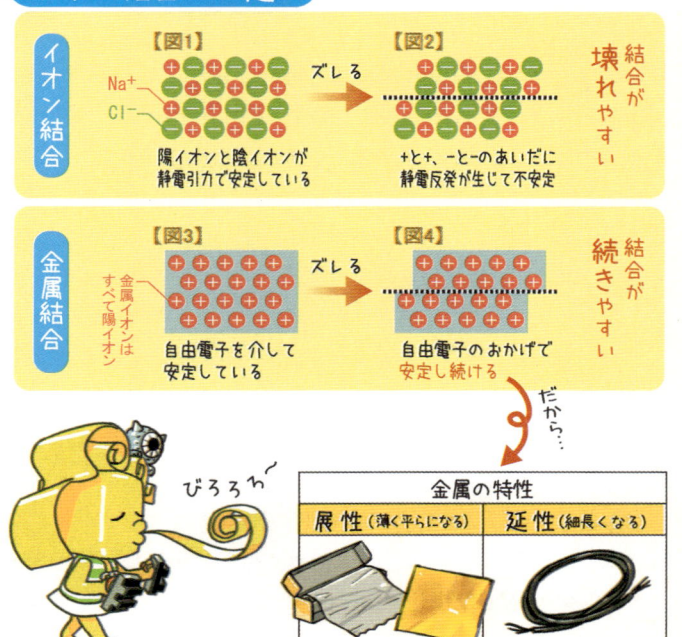

金属結合の特性

イオン結合との違い

イオン結合

【図1】Na⁺ Cl⁻ 陽イオンと陰イオンが静電引力で安定している

ズレる

【図2】＋と＋、－と－のあいだに静電反発が生じて不安定

結合が壊れやすい

金属結合

【図3】金属イオンはすべて陽イオン　自由電子を介して安定している

ズレる

【図4】自由電子のおかげで安定し続ける

結合が続きやすい

だから…

金属の特性

展性（薄く平らになる）	延性（細長くなる）

2-3　金属と結晶

2-1で、金属は自由電子で満たされた水槽の中に、金属陽イオンが三次元にわたって規則的に積み重なったものであることを見ました。このように、原子や分子のような粒子が規則的に積み重なった構造を「**結晶**」といいます。身の周りにある結晶としては、氷や塩や砂糖などがあります。六角形で先のとがった柱状結晶として産出する水晶も、結晶の典型でしょう。水晶は半金属であるケイ素の酸化物（SiO_2）の結晶です。

結晶を構成する粒子の積み重なり方はいろいろあります。しかし、金属結晶における積み重なり方は、おもに図1に示した「**六方最密構造**」「**立方最密構造（面心立方構造ともいいます）**」「**体心立方構造**」の3種類です。これを「**結晶型**」といいます。

結晶が占める体積のうち、粒子が実際に占める体積（すき間を除いた体積）は六方最密構造と立方最密構造が74%を占め、あらゆる積み重なり方のうちで最大です。つまり、最もすき間なく詰め込むには、このいずれかにすればよいことになります。それに対して体心立方構造は68%と、少し落ちます。

各金属がどのような積み重なり方をしているかを、図2に示しました。金属によっては、温度によって異なる結晶型を取るものがあります。そのようなものはいちばん大きい記号が常温での結晶型になっています。

前節で、金属は自由電子のおかげで展性・延性の性質があることを見ましたが、結晶型も展性・延性の性質に影響します。一般に、立方細密構造はその結晶型を崩すのに逆らいます。そのため、展性・延性の性質は小さくなります。

2章 金属の物理的性質

　結晶を構成する粒子は基本的に位置を変えることはありませんが、それではじっとしているのかというと、決してそうではありません。原子なら振動しますし、分子なら伸縮、屈伸、回転などを行っています。そしてその運動は、温度とともに激しくなるのです。

金属の結晶型

【図1】金属のおもな結晶型

名　　称	六方最密構造	立方最密構造	体心立方構造
原子の体積	74%	74%	68%

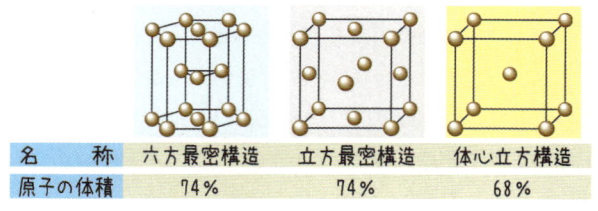

【図2】各元素の結晶型

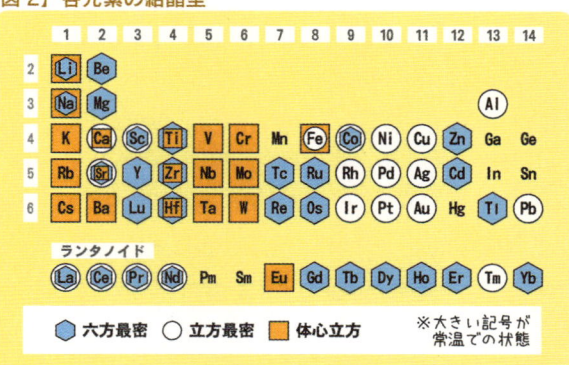

○ 六方最密　○ 立方最密　■ 体心立方　※大きい記号が常温での状態

[F.A.Cotton,G.Wilkinson,P.L.Gauss,Basic *InorganicChemistry*,Fig.8-6, John Wiley&Sons（1987）]

【表】モース硬度（鉱物の硬さを表す。値が大きいほど硬い）

名　　称	タングステン	鉄	白金	金	銅	銀	ナトリウム
硬　度	5〜8	4.5	4.3	3.3	3	2.5	0.4

2-4 アモルファス金属とガラス

前節で、金属は結晶であるということを前提とした話をしました。しかし、結晶でない金属もあるのです。このような金属を「**アモルファス（非晶質固体）**」金属といいます。アモルファスの身近な例はガラスです。

ガラスの成分は二酸化ケイ素（SiO_2）で、水晶と同じです。しかし、水晶とガラスは異なります。水晶では、右図に示したようにすべての原子は一定の位置に整然と積み重なっています。それに対してガラスでは、原子は思い思いの位置に乱雑に置かれています。このように、構成粒子の位置が乱雑で一定でない組成の固体を、結晶に対して非晶質固体（アモルファス）といいます。

なぜ、ガラスのようなものができるのでしょう？　それには、結晶を構成する粒子を子供にたとえてみるとよくわかります。水を見てみましょう。氷は水（子供）の結晶です。すべての子供が一定の位置に整然と並んでいます。この氷を温めます。すると、子供たちは激しく振動回転を始め、融点（0℃）に達すると定位置を離れて勝手に遊びだします。この状態が液体（ふつうの水）です。

この水を冷却していきます。子供たちの動きはだんだん鈍くなりますが、融点になるとサッともとの位置に戻り、なにくわぬ顔で結晶（氷）になります。これがふつうの物質です。

ところが、水晶の子供たちは大きくて動きが鈍いのです。液体の状態で遊び回っているときに温度が下がってくると、もとの位置に戻る前に凍えて動けなくなってしまいます。つまり、液体状態の位置で固まってしまうのです。これがガラス（アモルファス）状態です。アモルファスが液体の固体といわれる所以です。

アモルファス状態の金属は、硬度が高いとか、腐食しにくいとか、いろいろすぐれた性質があります。そのため、アモルファス状態の金属をつくるさまざまな試みが行われています。しかし、金属原子は水分子と同様に動きが敏捷です。そのため、液体状態で固定するためには、とんでもなく急速な冷却が必要となります。

そして、薄く広げた液体金属を液体窒素で急速冷却するような技術が開発されています。近い将来、アモルファス金属が多くの場で活躍するようになることでしょう。

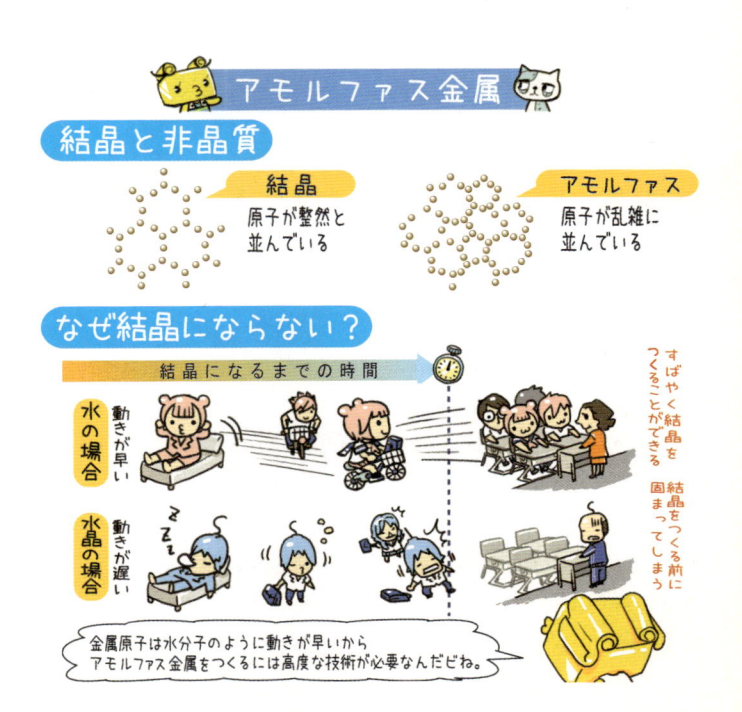

アモルファス金属

結晶と非晶質

結晶 原子が整然と並んでいる

アモルファス 原子が乱雑に並んでいる

なぜ結晶にならない？

結晶になるまでの時間

水の場合 動きが早い → すばやく結晶をつくることができる

水晶の場合 動きが遅い → 結晶をつくる前に固まってしまう

金属原子は水分子のように動きが早いから、アモルファス金属をつくるには高度な技術が必要なんだね。

2-5 高圧線はアルミニウム

　金属の3つの大きな特徴の1つが「**伝導性**」です。右上図にいろいろな物質の伝導性を示しましたが、確かに金属は大きな伝導性をもっています。

　金属の伝導性も、自由電子のはたらきによるのです。自由電子はどの金属イオンに属するということなく、金属結晶の中を自由に動き回っています。そのため、金属に電圧がかかると自由電子が動きだします。自由電子はマイナスの電荷をもっていますから、自由電子が動けば、その反対方向に電流が流れたことになります。これが金属の伝導性です。

　しかし、自由電子はなにもない平原や大海原のような空間を動き回るわけではありません。自由電子は金属イオンの間を、すき間を縫うようにして動くのです。つまり、金属イオンという障害物の間を動くのです。障害物がじっとしていてくれれば動きやすいでしょうが、障害物が手をだしたり足をだしたりしたのでは、自由電子はうまく通れなくなります。すなわち、伝導性が落ちることになります。

　右下図は金属の伝導性が温度によってどのように変化するかを表したものです。低温になると伝導性が高くなることが示されています。これが金属の伝導性の大きな特徴です。

　伝導性をもつのは金属だけではありません。半導体も伝導性をもちます。しかし、半導体の伝導性は金属の伝導性とは異なったメカニズムで発生します。すなわち、電子が運動エネルギーを獲得することによって移動を開始し、伝導性を表すのです。そのため、半導体の伝導度は金属と反対に、高温になると大きくなりま

す。下表にいくつかの金属の伝導度を示しました。これを見ると、金、銀、銅の伝導度が大きいことがわかります。またこれらの金属は、熱伝導度も大きいことがわかります。

　高圧線は電気を長距離にわたって輸送しますから、伝導度の大きい金属が用いられますが、ふつうの導線に用いる銅では重くなりすぎるため、軽いアルミニウムが用いられています。

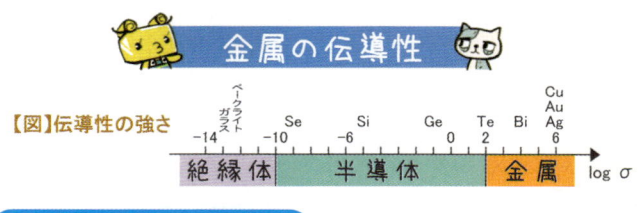

金属の伝導性

【図】伝導性の強さ

ベークライトガラス		Se	Si	Ge	Te Bi	Cu Au Ag
-14	-10		-6	0	2	6
絶縁体	半導体			金属		$\log \sigma$

温度による伝導性の変化

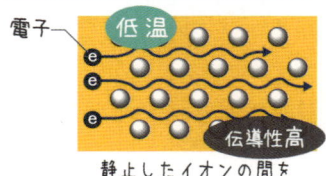

低温 — 伝導性高
静止したイオンの間を自由電子がすんなり動く

高温 — 伝導性低
活発なイオンの間を移動するのが困難になる

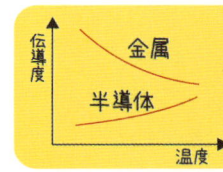

半導体は外部エネルギーによって電子の移動(伝導)が起こるため、伝導性の変化は金属と逆になる

【表】各金属の電気抵抗(＝値が小さいほど電気伝導度が高くなる)(単位：$10^{-6} \Omega \cdot cm$)

金属	銀	銅	金	アルミニウム	ナトリウム	鉄	白金
電気抵抗	1.62	1.72	2.19	2.65	5.0	9.8	10.6

2-6　電気抵抗0(ゼロ)の超伝導

　前節で、金属の伝導度は低温になると大きくなることを見ました。これは言い方を変えれば、金属の電気抵抗は温度とともに小さくなることを意味します。

　実際その通りで、金属の電気抵抗は低温になるにつれてドンドンと小さくなります。そして1911年、水銀を絶対温度4K（ケルビン）まで冷やすと、突然電気抵抗が0(ゼロ)になることが発見されたのです。この電気抵抗0の状態を「**超伝導状態**」といいます。そして、超伝導になる温度を「**臨界温度**」といいます。右表にいくつかの金属の臨界温度を示しました。

　超伝導状態では電気抵抗が0なのですから、どのような大電流を流しても発熱することはありません。これを利用すると、コイルに電流を流して電流をストックすることも可能となります。しかし現在、超伝導のいちばんの利用法は「**超伝導磁石**」でしょう。これは電磁石と同じ原理ですが、コイルの電気抵抗が0ですから大電流を流すことができ、非常に強力な電磁石をつくることができます。

　JRのリニアモーターカーによる新幹線は、超伝導磁石を用いる計画です。超伝導磁石は磁石の反発力を利用して車体を浮き上がらせる役目をします。つまり、新幹線の車体を浮き上がらせるほど超伝導磁石は強力なのです。このほかに、超伝導磁石は脳などの断層写真を撮る医療用機器（MRI）にも使われています。

　このように、現代文明に欠かせない超伝導ですが、その問題は臨界温度が低いことです。研究のおかげで金属酸化物を用いると臨界温度が160K、−110℃程度に上がることがわかりましたが、

実用化はまだまだ先の話です。したがって、超伝導を用いるためには数ケルビンという極低温が必要となりますが、このような温度を実現するためには液体ヘリウムが不可欠です。ところがヘリウムは日本では産出しません。もっぱらアメリカのテキサス州で石油井戸から産出されるものを買う以外ありません。このようなところにも資源小国日本の姿があるのです。

超伝導状態の金属

臨界温度（Tc）

電気抵抗が突然0になる

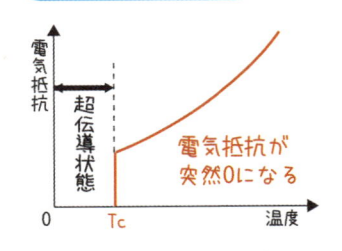

【表】各元素の臨界温度（単位:K）

金属	Tc
ニオブ	9.22
パラジウム	7.22
水　　銀	4.15
ス　ズ	3.73
アルミニウム	1.20
亜　　鉛	0.91

超伝導磁石の実用化

電気抵抗0＝発熱0 → 大電流を流すことができる → 強力な超伝導磁石 → リニアモーターカー

2-7 磁性をもつのは金属だけではない

　金属の中には「磁性」をもつものがあります。磁性とは簡単にいうと磁石になる性質、あるいは磁石に吸いつく性質です。

　磁性の原因になるのは電子です。電子は自転しています。電荷をもつ物質が回転すると「磁気モーメント」が生じます。原子の中には多くの電子が存在します。その電子はすべて自転しているのですから、金属であろうとなかろうと、すべての原子は磁性をもちそうなものです。

　しかし、実際はそうなりません。原子中の電子はほとんどすべてが2個1組になって存在します。このような組を「電子対」といい、電子対を構成する2個の電子の自転方向は互いに反対になっているのです。このため、磁気モーメントの方向も反対になり、結局相殺されて0になるのです。原子が磁性（磁気モーメント）をもつためには、電子対にならない電子（このような電子を「不対電子」と呼びます）の存在が必要不可欠となります。

　すなわち、不対電子があれば有機物だって磁性を獲得できるのです。ということで、最近有機磁性体の研究が盛んになっています。磁石に吸いつく有機物が何種類も開発されています。また、超伝導性をもつ有機物、有機超伝導体も多く開発されています。いまや、有機物は金属と同じような性質を獲得しつつあるのです。

　右下図にいくつかの金属の磁気モーメントを示しました。「3d元素」と書かれているのは価電子がM殻に入る元素であり、「4f元素」は価電子がN殻に入ります。4f元素のうち、ユウロピウム (Eu) 以降の原子が特別大きい磁気モーメントをもつことがわかります。これらの元素は1-10で見た3族の希土類、レアアースメタルと呼

ばれる一群です。これらの元素を用いると非常に強力な「永久磁石」をつくることができます。

　永久磁石の使い道にはいろいろありますが、磁気メモリやモーターは特に重要な用途でしょう。超強力な磁石を使えば超小型のモーターが可能になります。このような用途からも、レアアースメタルは現代文明に欠かせない金属です。しかし、レアアースメタルは特定の産地（国家）にかたよって産出し、また分離精錬が大変などの理由で、世界中で品薄状態になっています。

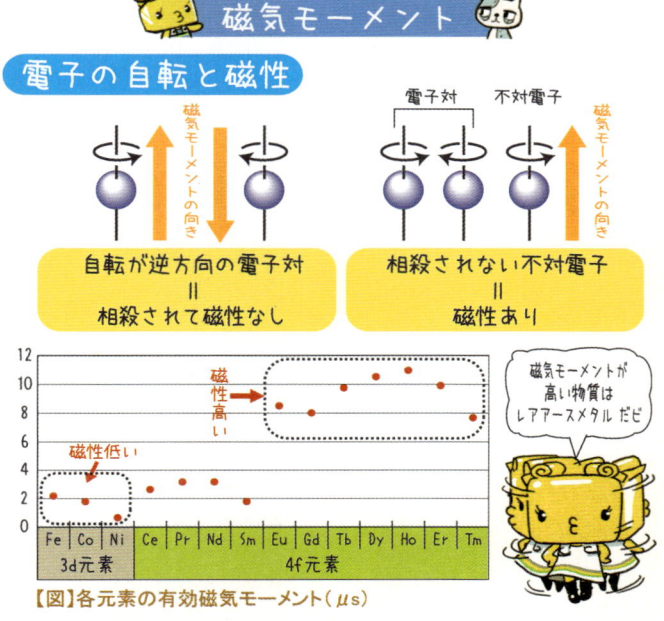

磁気モーメント

電子の自転と磁性

自転が逆方向の電子対
＝
相殺されて磁性なし

相殺されない不対電子
＝
磁性あり

磁気モーメントが高い物質はレアアースメタルだピ

【図】各元素の有効磁気モーメント（μs）

田中和明氏著『よくわかるレアメタルの基本と仕組み』（秀和システム、2007）P176 を改変

2-8 ガラス改質剤としての金属

　金属は水に溶けないということになっていますが、それも量の問題で、少量ならばすべての金属は水に溶けます（ただし、金属イオンとしてですが）。そのため、海水中には原子炉の燃料であるウラン（U）が溶けているということをふまえて、それを回収して燃料にしようというまじめな話がでてくるのです。

　金属はガラスにも溶けています。ガラスは一見したところ無色透明なようですが、かなり色がついています。窓のガラスを外すことがあったら、横から眺めてみるとよいでしょう。濃い緑色になっています。あれは不純物として含まれる鉄（Fe）のせいです。不純物としてではなく、ガラスの性質を改良、改変するために金属を加えることもあります。

　「**クリスタルガラス**」は、別名、「鉛ガラス」ともいわれます。クリスタルガラスには透明度を高め、屈折率を高めるために鉛（Pb）が入れられています。多いものでは重さにして30％ほども入れられます。その結果、当然ガラスは重くなりますが、それも高級感を高めるのかもしれません。メガネのレンズには、屈折率を高めるためチタン（Ti）などが入れられます。

　ホウ素（B）の化合物であるホウ酸（H_3BO_3）を加えたガラスは「**ホウ酸ガラス**」といわれ、熱膨張率が小さいので、熱湯を入れたり加熱したりしても割れにくくなります。パイレックスなどの商品名で、理化学実験用や調理器具などに用いられます。

　ステンドグラスなどに用いられる「**彩色ガラス**」の色も金属によるものです。たとえば赤は金（Au）や銅（Cu）を入れることによって発色します。日本古来のカットグラスに、江戸切子と薩摩切子

があります。前者は金を用いますが、後者は銅を用います。薩摩切子の技術はとだえてしまいましたが、銅による発色は銅イオンの価数によって色彩が微妙に異なり、再現にはかなりの苦労がともなうとのことです。

近代ステンドグラスが確立された19世紀末のアール・ヌーボーで多用されたガラスに、宝石のオパールのような干渉色をもつ「**オパールガラス**」があります。これはガラスにリン（P）の加工物であるリン酸塩（酸塩）（H_3PO_4）を加え、ガラスの中で結晶化させることによって、干渉色を生みだしたものです。

ガラスの性質を変える物質

鉄（Fe） 窓ガラス （不純物）
鉛（Pb） クリスタルガラス 透明度増
チタン（Ti） 眼鏡レンズ 屈折率増
ホウ素（B） 実験・調理用器具 熱膨張率減

金（Au） 江戸切子 発色
銅（Cu） 薩摩切子 発色
リン酸塩（P） オパールガラス 干渉色

【表】ガラスの着色材料になる金属

金属	色
鉄（Fe）	青　青緑　黄
銅（Cu）	緑　赤
マンガン（Mn）	緑　赤褐色　黒
コバルト（Co）	濃紺
ニッケル（Ni）	青紫　紅
クロム（Cr）	橙　黄　緑　暗緑

2-9 光を発する

　金属は照明器具にも使われています。白熱電灯の芯にタングステン (W) が使われていることはよく知られています。そのほかにも、水銀灯と蛍光灯に水銀 (Hg)、ナトリウムランプにナトリウム (Na) が、それぞれ使われています。

　「**ナトリウムランプ**」は高速道路のトンネルなどに設置されている、オレンジ色の光をだすランプです。あの中にはナトリウムの気体が入っています。ナトリウムに電気エネルギーが与えられると、そのエネルギーを最外殻電子であるM殻の電子が受け取ります。その結果、電子は余分のエネルギーを受け取りましたので、より高エネルギーのN殻に移動（「**遷移**」といいます）します。この高エネルギー状態を一般に「**励起状態**」、それに対して通常状態の低エネルギー状態を「**基底状態**」といいます。

　励起状態は不安定ですので、電子はまたもとのM殻に戻ります。当然このとき、余分のエネルギーを放出することになりますが、このエネルギーを光として放出するのです。この光の波長が590nmほどあり、オレンジ色なのです。このように、ナトリウムは電気エネルギーを受け取って、それを光エネルギーに換えているのです。

　「**水銀灯**」も同じ原理です。水銀灯は公園などに置かれている青白い光をだすランプです。あの中には水銀が入っています。水銀に電気エネルギーが与えられると、そのエネルギーを光に換えるのです。水銀の場合には、電灯の中に入っている水銀蒸気の圧力にもよりますが、ナトリウムよりは波長の短い光をだしますので、青白く見えることになります。

2章 金属の物理的性質

「蛍光灯」は水銀灯に似ています。蛍光灯の中にも水銀蒸気が入っていますが、圧力が低いので紫外線をだします。紫外線は人間の目には光として見えません。そのため、水銀灯のガラス管の内側に蛍光物質を塗り、この蛍光物質に紫外線を吸収させます。すると蛍光物質が紫外線のエネルギーを受け取って励起状態になり、それが基底状態に戻るときに、波長の長い可視光線を放出するのです。

このほかに、レントゲン写真を撮るときなどに使われるX線を放出するためにも、金属（鉄、銅、コバルト、ニッケル、モリブデンなど）が用いられます。

光を発する金属

照明器具の発光原理

① 余分なエネルギーを受け取る

電子がより外の電子殻へ遷移する
基底状態→励起状態

② 光エネルギーとして放出する

不安定な電子が再びもとの電子殻へ遷移する
励起状態→基底状態

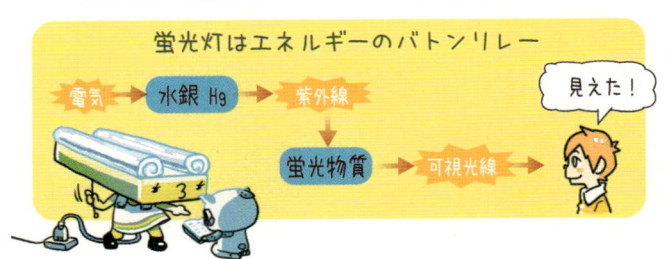

蛍光灯はエネルギーのバトンリレー

電気 → 水銀 Hg → 紫外線 → 蛍光物質 → 可視光線 →

見えた！

金属疲労

　金属の板の同じ箇所を何回も繰り返して曲げていると、やがて白っぽくなって折れてしまいます。これを**金属疲労**といいます。

　コメット（彗星）は1952年に世界初のジェット旅客機として英国が世界に送りだした航空機でした。高速で成層圏を飛行するコメットは揺れも少なく、快適な空の旅を楽しませてくれました。

　ところが、1954年1月と4月に、そのコメットが原因不明の連続墜落事故を起こしたのです。乗客は全員死亡でした。死体の検案から機体が爆発したものと推定されましたが、爆薬を疑わせるものはなにもありませんでした。

　しかし、事故調査委員会の懸命な努力により、金属疲労が原因であることがわかりました。成層圏を飛ぶコメットは、機体内部の圧力を高める必要があります。そのため、飛行するごとに機体に膨張、収縮の力が加わっていたのです。しかも悪いことに、コメットの機体の窓は四角でした。そのため、力が窓の隅に集中して加わり、そこが金属疲労を起こして破壊されたのでした。

　コメットはその後も改良を加えて何度か市場に送りだされました。しかし、一度崩れた信頼を回復できずに、やがて引退しました。登場が早すぎたゆえの悲劇だったのかもしれません。

第 I 部
金属の種類と性質

3章
金属の化学的性質

金属は酸素と反応して酸化物を生成し、酸に溶けてイオンになります。水と爆発的に反応するものもあります。2種の金属を組み合わせると電池となって電力を生みますし、多くの化学反応を助ける触媒ともなります。燃料電池も金属がなければ作用しません。

3-1　水と反応して火を噴く

　金属といわれて思いだすのは、どのようなものでしょうか？

　鉄（Fe）、銅（Cu）、金（Au）、銀（Ag）、白金（Pt）。このようなものでしょうか？　これらの金属は非常に安定していて反応性がとぼしいので、水と反応することはありません。しかし、金属はこのようにおとなしいものだけではありません。

　周期表の**1族**、**アルカリ金属**は気性の激しいものぞろいです。特に**カリウム**（K）はすごいです。アルカリ金属はやわらかいものが多く、カリウムもチーズと同様に、ナイフで切ることができます。カリウムを反応に用いる場合、カリウムを適当な大きさに切って用います。カリウムはガラスの広口ビンに入っており、石油に沈んでいます。それは酸素や湿気にふれて変化するのを防ぐためです。

　ピンセットで白い羊羹のようなカリウムのかたまりをはさみ、広口ビンからだして、ろ紙の上に置き、ナイフをあてようものなら、大変です。湿った日なら、切ったとたんにカリウムが燃えだします。カリウムが空気中の湿気（水）と反応したのです。カリウムは常に石油の中に沈めておかなければなりません。つまり、ビンから取りだしたカリウムは石油を入れたシャーレに入れ、石油の中で切らなければならないのです。

　カリウムと水の反応式は図の通りです。激しく反応して水酸化カリウム（KOH）と水素ガス（H_2）を発生するのです。そして、反応熱によって水素が酸素と反応し、発火、爆発するのです。非常に危険です。

　ナトリウム（Na）は化学実験によく使う金属です。これもカリ

ウムほどではないのですが、激しい反応性をもつので石油に入れて保存します。ナトリウムの米粒ほどのかけらを洗面器の水の上に落とします。ナトリウムは水より軽い金属ですので、水面に浮いて反応し、その結果水面を激しく動き回ります。そして最後にチュンというような音を立て、小さな火を発して消えてしまいます。ナトリウムと水の反応もカリウムの反応と同様です。水酸化ナトリウム（NaOH）と水素ガス（H_2）を発生します。

　2族の**アルカリ土類金属**はアルカリ金属ほど激しくはありませんが、やはり水と反応します。ベリリウムやマグネシウムは熱水と反応し、周期表でそれより下の元素は冷水と反応して、水酸化物と水素を発生します。

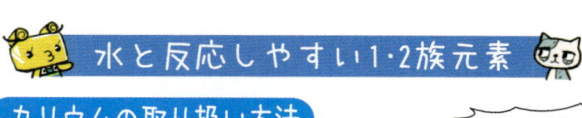

水と反応しやすい1・2族元素

カリウムの取り扱い方法

かならず石油の中で取り扱う

石油
カリウム
石油

空気中の湿気とでも反応できるビ！

金属と水の反応式

これらの水素が酸素と反応して火を噴く

カリウム	$2K + 2H_2O \longrightarrow 2KOH + H_2$
ナトリウム	$2Na + 2H_2O \longrightarrow 2NaOH + H_2$
カルシウム	$Ca + 2H_2O \longrightarrow Ca(OH)_2 + H_2$

水との反応性… アルカリ金属＞アルカリ土類金属

3-2　酸素と反応して錆びる

　金属は酸素と反応して「**酸化物**」になります。金属の酸化物は錆びといわれることがありますが、錆びはたんなる酸化物ではなく、むしろ水と反応した形の「**水酸化物**」です。たとえば鉄の錆びの主成分は水酸化第Ⅰ鉄「$Fe(OH)_2$」(黒さび) や水酸化第Ⅱ鉄「$Fe(OH)_3$」(赤さび) です。鉄は錆びると錆びた部分が腐食してボロボロになり、表面積が増えて酸素や湿気に接する部分が多くなり、さらに酸化が進むというぐあいになり、ついには鉄の製品すべてが錆びてしまいます。

　金属の酸化物の中には、硬い皮膜をつくって内部を保護するものがあります。このようなものを一般に「**不動態**」といいます。**アルミニウム**が酸化されると酸化アルミニウム (Al_2O_3) となりますが、このものはち密な構造であり、これが表面にできるとアルミニウムはそれ以上酸化されることがなくなります。この不動態を電気分解によって人為的に発生させる技術を開発したのが日本人であることは、7章で見ることにしましょう。

　銅に生じる緑色の錆びを俗に「**緑青**」といいますが、これはかなり複雑な組成をもっています。すなわち、化学的にはオキシ炭酸銅 ($CuCO_3 \cdot Cu(OH)_2$)、オキシ塩化銅 ($CuCl_2 \cdot Cu(OH)_2$)、オキシ硫酸銅 ($CuSO_4 \cdot Cu(OH)_2$) などの混合物であることがわかっています。

　海岸近くでは塩害 (塩化ナトリウム：$NaCl$による害) によってオキシ塩化銅が多くなります。また、化石燃料をたくさん使えばその中に含まれている硫黄分が燃えて、酸性雨の原因ともなる硫黄酸化物 (SOx) が発生しますので、オキシ硫酸銅が増えることに

なります。

　緑青も不動態の一種であり、銅の表面が一面に緑青でおおわれてしまうと、それ以上の酸化は進行しなくなります

　1章のコラムで紹介したチャンドラバルマンの鉄柱も、酸化鉄（Fe_2O_3）の不動態のおかげで錆びないという説があります。しかし、鉄に不純物が含まれるとそこには局所電池が発生し、錆びの原因になります。そのためこのモニュメントは、1600年も前にそのような高純度の鉄をつくることができたのはなぜなのか、という新たな疑問を生んでいるようです。

　一般に、金属は純度が高くなると錆びにくくなることが知られています。

金属のサビと不動態

金属のサビは水酸化物

鉄
- 黒サビ：水酸化第Ⅰ鉄 $Fe(OH)_2$
- 赤サビ：水酸化第Ⅱ鉄 $Fe(OH)_3$

銅
- オキシ塩化銅 $CuCl_2・Cu(OH)_2$　塩害によるサビ
- オキシ硫酸銅 $CuSO_4・Cu(OH)_2$　酸性雨によるサビ

サビから身を守る不動態

（例）アルミニウムが酸化すると緻密な皮膜（不動態）ができサビが進行しなくなる

「これを人工的に行う技術をアルマイトというピ」

3-3 金属の精錬は酸化還元反応である

　金属は鉱山から採集されますが、純粋な金属が採れることはほとんどありません。非常に反応性の低い金は話が別で、砂金や自然金として、かなり純粋な形で産出します。しかし、ほかの金属はほとんどの場合、酸素と化合した酸化物や、イオウ(S)と化合した硫化物など、複雑な組成の鉱物として産出します。したがって、鉱物から純粋な金属を取りだす操作が必要になります。この操作を「**精錬**」といいます。精錬は「**酸化還元反応**」が中心になった化学反応です。

　以下の式に示したように、ある物質AOがほかの物質Bに酸素を与えたとしましょう。相手に酸素を与えることを、相手を「**酸化する**」といいます。したがって、この反応でAOはBを酸化したことになります。

$$AO + B \rightarrow A + BO$$

　反対に、相手から酸素を奪うことを、相手を「**還元する**」といいます。したがってこの反応では、BはAを還元したということになります。

　このように、酸化と還元は同時に起こります。酸化還元反応はプレゼントの受け渡し、と考えるとわかりやすいでしょう。A君がB子さんにプレゼントOをあげたとしましょう。A君はB子さんを酸化し、同時にB子さんはA君を還元しているのです。酸化と還元という2種類の反応は起こっていますが、実際に起こっている現象は「プレゼントOの移動」という1つのことにすぎないのです。

　相手に酸素を与えるものを「**酸化剤**」、相手から酸素を奪うもの

を「還元剤」といいます。したがってAOは酸化剤であり、Bは還元剤ということになります。A君とB子さんで考えれば、A君が酸化剤であり、B子さんは還元剤ということになります。

ここでは「酸化する」「還元する」という動詞を他動詞として使っています。ところが、日本語では「酸化する」「還元する」を自動詞として使うことがあります。すなわち「包丁が酸化して錆びた」という使い方です。ここでは酸化されたのは包丁自身です。日常生活ではこのような用法もよいのでしょうが、正確な話をしようとするときには、他動詞に限定して使いたいものです。

金属の精錬は、このような酸化還元反応を用いて行います。

金属の精錬は酸化還元反応

酸化還元反応とは

- 酸化＝相手に酸素を与える
- 還元＝相手から酸素を奪う

｝2つの物質間で同時に起こる

■酸化還元反応のイメージ

酸化剤　　　　　　還元剤

A君　　酸素→　　B子さん

物理的には酸素の移動という現象

酸化した（＝還元された）　　還元した（＝酸化された）

→ 精錬技術として使われる

57

3-4　精錬の実際の反応

　金属酸化物から金属を取りだすためには、酸化物から酸素を奪い取ればよいことになります。そのためには、酸化物をつくっている金属よりも酸素と反応しやすい物質を、反応させなければなりません。すなわち、前節の化学的な表現を用いれば、還元剤を用いて還元すればよいのです。

　その1つの例が「**テルミット**」と呼ばれるものです。テルミットは鉄の酸化物（Fe_2O_3）とアルミニウム（Al）を粉末にして混ぜたものです。テルミットに火をつけると強い光と高温を発して反応し、鉄（Fe）と酸化アルミニウム（Al_2O_3）を生じます。

　この反応では、鉄とアルミニウムの間で酸素の奪い合いが行われたのです。その結果、酸素と反応する力の強いアルミニウムが勝って、鉄から酸素を奪ったのです。化学的にいえば、アルミニウムが還元剤となって酸化鉄を還元したのです。つまり、鉄はアルミニウムによって精錬されて純鉄になったのです。

　テルミットは高温を発生しますので、精錬だけでなく、鋼板の溶接などにも利用されます。

　鉄の精錬でよく用いられる還元剤は炭素（C）です。昔は鉄鉱石として砂鉄を用い、炭素として木炭を用いて和銑といわれる鉄をつくりました。鉄を還元するためには大量の木炭が必要でしたから、製鉄の行われた地域は木炭をつくるために森林の伐採が行われ、山は丸裸にされ洪水が繰り返されました。

　昔の日本で製鉄が行われたのは中国地方です。ここに残る八岐大蛇伝説は、洪水を起こした渓谷にもとづくものという説があります。山々に入り込んだ渓谷は尻尾が八つに分かれた大蛇の

ようなものです。それが毎年雨季に洪水を起こして暴れたのです。八岐大蛇を退治すると、尻尾から剣（草薙の剣）がでてきたというのも象徴的です。

現代では、鉄の精錬は巨大な溶鉱炉を使用し、コークス（石炭を蒸し焼きにしたもの）を用いて行います。炭素（C）が鉄（Fe）から酸素（O）を奪い、二酸化炭素（CO_2）となるのです。

実際の精錬技術

精錬 金属酸化物 ＋ **還元剤** ⟶ 酸素を除いた高純度の金属

酸素との反応性… 弱い ＜ 強い

（例1）テルミット（＝アルミニウムを還元剤とする精錬方法）

$$Fe_2O_3 + 2Al \longrightarrow 2Fe + Al_2O_3$$

　　　　　　還元剤

（例2）たたら製鉄（＝木炭を還元剤として和銑をつくる日本古来の精錬方法）

$$2Fe_2O_3 + 3C \longrightarrow 4Fe + 3CO_2$$

　　　　　還元剤

製鉄とヤマタノオロチ伝説

製鉄のために木が切られ、洪水が繰り返された中国地方にはヤマタノオロチ伝説が残っている

3-5　酸化・還元で決まる陶磁器の色

　食卓には多くの陶磁器が並びます。薄く半透明の磁器もあれば、厚く温かい感じの陶器もあります。磁器の表面はツヤツヤと輝き、色とりどりの絵が描かれています。陶器も多くは表面が輝き、深く複雑な色合いと模様が現れています。

　陶磁器の表面を飾るこのような絵や模様は金属によるものなのです。陶磁器は、粘土や石の粉を水で練って高温で焼いたものです。しかし、このような製品は素焼きといい、それだけでは私たちが日常使うようなツヤのある製品にはなりません。陶磁器のツヤは釉薬によるものです。粘土などでつくった製品に釉薬をかけ、高温で焼くと、あのツヤと色がでてくるのです。

　昔の釉薬は鉱物の粉や植物の灰など、天然の物質を用いていました。どの物質をどのような配合で混ぜればどんな色合いになるか、ということは陶工の最高の秘密でした。伊万里焼で有名な江戸時代・有田地方の名工、柿右衛門が柿の赤をだすためにした苦労は、物語になっているほどです。しかしいまは、その色をだすためには何と何とを混ぜればよいかすべて明らかになっています。そして、その"何"は金属なのです。

　染付けといわれる青い色はコバルト（Co）によるものです。黄瀬戸と呼ばれる黄色い陶器は鉄によるものです。ところが、瀬戸黒（天正黒、引きだし黒ともいわれます）の真っ黒い色も鉄によるのです。輝くような黄色と夜の闇のような黒。同じ鉄を用いているのに、なぜこのように違う色になるのでしょう？

　それが酸化・還元です。本格的な陶磁器は木材を焼いて高温をつくる窯で焼きます。窯の中では薪が燃えますが、この燃え方は

複雑です。窯のある部分には酸素があって、酸化反応が進行します。しかし、ある部分は一酸化炭素（CO）が多く、これがほかの物質から酸素を奪って二酸化炭素（CO_2）になるため、還元反応が起こります。したがって陶器が窯の中のどの部分に置かれたかによって酸化反応が起こったり、還元反応が起こったりするのです。

　黄瀬戸と瀬戸黒はちょうどこの関係です。還元的雰囲気で焼かれると黄色くなり、酸化的雰囲気で焼かれると黒くなるのです。実際には瀬戸黒はその別名の通り、焼成中の窯から真っ赤な状態で引きだされ、空気中の酸素によって酸化されて真っ黒になります。現在ではこのようにもっともらしく説明される現象も、昔は原因のわからない神秘的なことだったのでしょう。このような現象の積み重ねが、化学という学問を生んできたのです。

陶磁器に使われる金属

酸化・還元で色が決まる

窯焼き

鉄のうわぐすりを塗った器 → COに還元される → 純鉄の割合が多くなる（＝黄瀬戸）

→ O_2に酸化される → 酸化鉄の割合が多くなる（＝瀬戸黒）

いまは化学で説明できるけど昔は不思議だったんだろうニャ

じゃじゃーん

3-6　酸と反応して溶ける

　金属は酸と反応して溶けます。アルカリ金属やアルカリ土類金属と酸が反応したらとんでもないことが起こります。爆発的に反応するのです。静かな反応ですが、スズ (Sn) も鉛 (Pb) も酸に溶けます。金は溶けにくいことで有名ですが、それでも「王水 (硝酸：塩酸＝1：3の混合物、1升3円と覚えます)」には溶けます。銅 (Cu) を硫酸に溶かすと青い溶液になります。青色は2価の銅イオン (Cu^{2+}) の色です。

　銅イオンの入った青い溶液に、亜鉛 (Zn) の板を入れてみましょう。すると亜鉛は熱くなって溶けだします。それと同時に溶液の青色が薄くなり、亜鉛板の表面が赤くなってきます。

　これはZnが溶けて亜鉛イオン (Zn^{2+}) になり (式1)、反対にCu^{2+}が電子を受け取って金属銅 (Cu) になったためです (式2)。その結果、Cu^{2+}が少なくなったので溶液の色が薄くなり、一方、亜鉛には金属銅がついたので赤くなったのです。反応全体としては式3となります。

　　式1：$Zn \rightarrow Zn^{2+} + 2e^{-}$
　　式2：$Cu^{2+} + 2e^{-} \rightarrow Cu$
　　式3：$Zn + Cu^{2+} \rightarrow Zn^{2+} + Cu$

　このことは、CuとZnを比べると、Znのほうが**イオンになりやすい**ことを意味します。

　次に、先ほどの銅イオン溶液に銀 (Ag) の板を入れてみましょう。今度はなにも起きません。これはCuとAgではCuのほうがイオンになりやすいことを意味します。したがって、Cu、Zn、Agではそのイオンになりやすさの順番はZn＞Cu＞Agということに

なります。

　このような実験を各種の金属を用いて繰り返すと、どの金属がよりイオンになりやすいか、という順序を決めることができます。この順序を「**イオン化傾向**」といいます。イオン化傾向の大きいものがイオンになりやすいことを意味します。イオン化傾向を下図に示しました。真ん中あたりに水素（H）があります。水素は金属ではありませんが、基準のために入れてあります。

　なお、イオン化傾向には最下図に示したような語呂合わせの覚え方があります。

電子における酸化還元反応

還元剤：酸化される＝電子を失う
酸化剤：還元される＝電子を得る
｝2つの物質間で同時に起こる

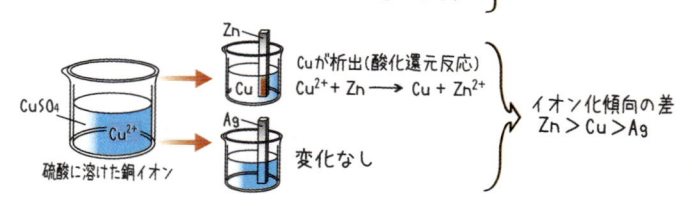

$CuSO_4$ 硫酸に溶けた銅イオン Cu^{2+}

→ Zn / Cu　Cuが析出（酸化還元反応）
$Cu^{2+} + Zn \longrightarrow Cu + Zn^{2+}$

→ Ag　変化なし

｝イオン化傾向の差 Zn＞Cu＞Ag

金属のイオン化傾向

K　Ca　Na　Mg　Al　Zn　Fe　Ni　Sn　Pb　(H₂)　Cu　Hg　Ag　Pt　Au
カ　カ　ナ　マ　ア　ア　テ　ニ　ス　ル　ナ　ヒ　ド　ス　ギ　キン
ソウ　　　　　　　　　　　　　　　　　　　　　　　　　　シャッ
（　貸そうかな　まあてにするな　ひどすぎる借金　）

イオン化傾向 **大** ← 酸化されやすい ／ 酸化されにくい → イオン化傾向 **小**
　　　　　　　　還元されにくい ／ 還元されやすい
　　　　　　　　陽イオンになりやすい ／ 陽イオンになりにくい

3-7 2種類の金属があれば電池ができる

　硫酸水溶液（希硫酸）に銅板（Cu）と亜鉛板（Zn）を入れてみましょう。前節で見た通り、亜鉛と銅では亜鉛のほうがイオン化傾向が大きいので、亜鉛のほうが多く溶けだします。したがって、亜鉛板には電子がたくさんたまることになります。

　ここで、亜鉛板と銅板を導線でつないでみましょう。電子は亜鉛板から電子の少ない銅板に向かって流れるはずです。電子が移動するということは、その反対方向に電流が流れることを意味します。すなわち、銅板から亜鉛板に電流が流れたのです。この導線の途中に適当な豆電球をつないだら、電気がともるでしょう。すなわち、この装置は電池になったのです。銅が正極（陽極）であり、亜鉛が負極（陰極）です。この電池の起電力は約1.1Vです。

　この電池は発明した人の名前を取って「ボルタ電池」といわれます。この電池のしくみからわかるように、電池は1種の金属（Zn）が電子を放出してイオン化され（「酸化された」といいます）、もう1種の金属（Cu^{2+}）がその電子を受け取ってイオンから金属に変化する（「還元された」といいます）という、電子の授受反応（酸化還元反応）によって起こる現象です。したがって、イオン化傾向の異なる2種の金属を適当な酸溶液に浸せば、電池は簡単にできるものなのです。レモン（酸溶液）にアルミホイル（Al）と釘（鉄）を刺しても、電池になるわけです。この場合は、アルミホイルが負極で釘が正極になります。

　ところで、電球をともすには電力が必要です。電力はエネルギーです。このエネルギーはいったいどこから来るのでしょう？　電池では動いているものはなにもありません。2種類の金属を導線で

つないだだけです。どこからもエネルギーは来ないのではないでしょうか？

実は、エネルギーは金属原子の中にあるのです。原子や分子はもともとエネルギーをもっています。これを「**内部エネルギー**」といいます。先に見た原子力エネルギーも内部エネルギーですし、原子を結合させる結合エネルギーも内部エネルギーの一種です。したがって、原子には内部エネルギーの高いものも低いものもありますし、同じ原子でも内部エネルギーの高い状態や低い状態があります。

内部エネルギーの高い状態から低い状態に移動すれば、余分なエネルギーは外部に放出されます。亜鉛ではイオンのほうが低い状態であり、そのエネルギー差が電気エネルギーになったのです。

金属のイオン化と電池

ボルタ電池のしくみ

① 亜鉛がイオン化して板の中には電子が多く残る

② 電子が移動し電流が起こる

電子 ⇄ 電流　導線
負極 Zn　Cu 正極
H^+
Zn^{2+}　H_2SO_4

この時の電気エネルギーは Zn 原子自身から起こる

エネルギー

Zn
イオン化
$Zn^{2+} + 2e^-$

0　化学反応

内部エネルギーが低下したぶんを外部に放出する ＝ 電気エネルギー

3-8　金属の触媒作用

　金属にはいろいろな用途があります。金属というとついつい鉄や銅に目がいき、ビルの鉄骨だとか自動車や船と思いがちですが、決してそれだけではありません。自動車から排出される窒素酸化物を減らしているのも金属です。燃料電池が実用化されているのも金属のおかげです。非常に進行しにくい化学反応を楽々と進行させるのも金属です。金属のこのようなはたらきを「触媒作用」といいます。いまや現代産業は、金属の触媒作用なしでは成り立たなくなっているのです。

　触媒とは、反応を速やかに進行させるけれど、自分自身は変化しないものをいいます。つまり、触媒は何回でも反応に関与できるため、非常に少ない量で反応を制御することができるのです。

　触媒のはたらきを「接触還元」という化学反応で見てみましょう。この反応は二重結合に水素分子を付加して単結合にする反応ですが、触媒がないとまったく進行できません。触媒はどのようなはたらきをしているのでしょうか？

　金属原子は結晶内で規則的に積み重なっています。積み重なっているだけでなく、互いに接触している原子同士は結合しています。簡単に、金属原子をサイコロのような立方体と考えましょう。すると、結晶の内部の原子は上下・左右・前後と合計6個の原子と結合しています。それでは結晶表面の原子はどうでしょう？　5個の原子と結合するだけです。すなわち、1本の結合手（結合するための手と考えてください）が余っています。角の原子は3本も余っています。この余った手はなにかと結合しようと待っています。

　ここに水素分子が来ます。すると金属の手は「オニーサンイラ

ッシャイ」ではありませんが、水素分子にチョッカイをだします。水素分子もついソノキニナッテ金属原子に手をだします。その結果、水素分子をつくっていた（男同士の？）結合がおろそかになります。このような水素分子を「**活性水素**」といい、大きな反応性をもちます。すなわち触媒金属の表面には、このような活性水素がウジャウジャいる状態になるのです。

この状態のところに、水素分子と反応シタイナーと思っている二重結合が来たら、渡りに船です。ポーンと結合して単結合のできあがります。これが触媒のはたらきの1つのモデルなのです。

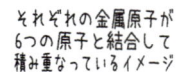

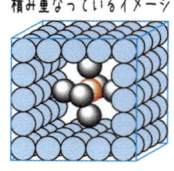

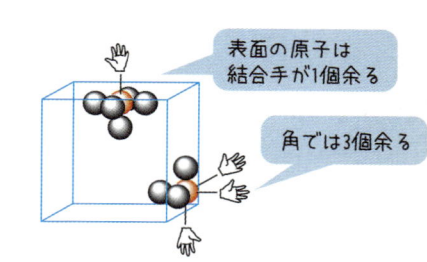

金属の触媒作用

それぞれの金属原子が6つの原子と結合して積み重なっているイメージ

表面の原子は結合手が1個余る

角では3個余る

接触還元反応

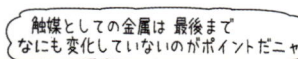

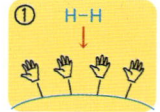

触媒としての金属は最後までなにも変化していないのがポイントだニャ

① H-H
余った手に水素分子が近づく
（→活性水素になる）

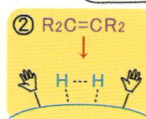

② $R_2C=CR_2$
H---H
活性水素に二重結合が近づく

③ $R_2C=CR_2$
H---H
二重結合に活性水素が付加する

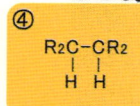

④ R_2C-CR_2
  H H
単結合になる

3-9　燃料電池と太陽電池

　3-7で電池の話がでましたし、前節では触媒の話をしました。ここで話題の「**燃料電池**」や「**太陽電池**」の話をしておくのもよいでしょう。ただしこの2種の電池には、純粋の金属の出番はあまりありません。太陽電池では半金属（半導体）が活躍しますし、燃料電池では金属は触媒として影武者的にはたらくだけです。

　燃料電池は燃料となる物質を補充し、それを燃焼することによって電気エネルギーを得る装置です。この定義は火力発電所の定義と同じです。ですから、燃料電池は電池というよりも携帯発電機といったほうがよいような装置です。それはともかくとして、いま話題の燃料電池は、燃料として水素ガスを用いる水素燃料電池です。

　しくみは右上図に示した通り単純です。負極で水素が電子を放出して水素イオン（H^+）となります。このH^+は電池内を移動して正極に向かいます。一方、電子は導線を移動して正極に向かいます。ここでH^+と電子は待っていた酸素と反応して水となり、一件落着となります。燃料電池のエネルギーは水素と酸素が反応して水になるときの反応熱です。なんのことはありません。

　ここで非常に重要なはたらきをしているのは、実は触媒の白金（プラチナ：Pt）なのです。白金が水素をH^+と電子にしなかったら、燃料電池はまったく作動しません。そしてここで問題なのは、白金の値段です。2006年から2008年にかけて白金の値段は2倍近くになっています（9-4参照）。燃料電池などで使われることを見込んでの値上がりでしょう。これでは、技術は開発されてもコスト倒れになるかもしれません。白金以外の安価な触媒が求められて

います。

　太陽電池は2種類の半導体を接着したものです。半導体の本体は4族のケイ素（Si）ですが、ここに3族の原子、ホウ素（B）などを加えると電子不足の半導体、「p型半導体」となります。一方、5族の原子、リン（P）などを加えると電子過剰の半導体、「n型半導体」となります。

　この2種の半導体を接着したものに太陽光をあてると、境界領域にマイナスの電子と、プラスの電荷をもっているように見える空席（穴）、「正孔」が発生します。これが半導体表面に移動し、その結果電子が移動して電流になるのです。太陽電池の問題点は純粋なケイ素をつくるコストが高いことです。そのため最近では、安価な有機物を使った有機太陽電池の開発が行われています。

燃料電池のしくみ

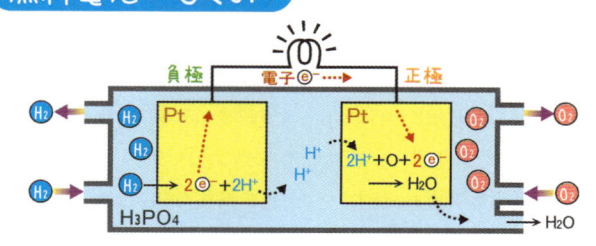

太陽電池のしくみ

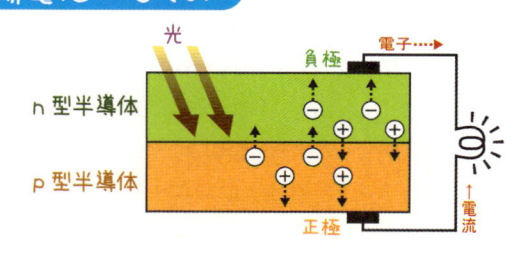

3-10 電気分解と電気メッキ

　金属と電気は深い関係にあります。おもなものとしては、電池、電気分解、電気メッキなどが挙げられるでしょう。

　「**電気分解**」は金属を得るのに用いる手段です。食塩（NaCl）から電気分解によって金属ナトリウムを得る方法を考えてみましょう。食塩はイオン結合の化合物で、ナトリウムイオン（Na^+）と塩化物イオン（Cl^-）からできています。電気分解の原理は簡単です。食塩を加熱するのです。融点の800℃に達すると食塩は溶けて溶融食塩となります。

　ここに電極を差し込み、電流を流します。するとNa^+は負極（陰極）に来て電子を受け取り、金属ナトリウムとなって析出します。一方、Cl^-は正極（陽極）に来て電子を渡し、塩素ガス（Cl_2）となって分離されます（図1）。それだけです。

　これだけではおもしろくありませんので、食塩水を電気分解してみましょう。食塩水の中にはNa^+、Cl^-のほかに水が分解してできたH^+とOH^-があります。正極にくるのはCl^-です。したがって、正極からは塩素が発生します。しかし、負極のほうは問題があります。先にでてきたイオン化傾向を思いだしてください。Na^+のほうがH^+より大きいのです。ということは、電子をもらって中性になるのはH^+だということになります。ということで、負極からは水素ガスH_2が発生するのです。結局溶液内にはNa^+とOH^-が残り、水酸化ナトリウム（NaOH）の水溶液ができることになります（図2）。

　「**電気メッキ**」（右下図）の原理も似たようなものです。クロム（Cr）メッキを考えてみましょう。クロムメッキは水道の蛇口など

に多用される光沢のある銀色のメッキです。クロムイオンを含むメッキ溶液中に鉄製の蛇口を入れて負極をつなぎます。一方、金属クロムに正極をつないで溶液内に入れます。そして電流を流します。すると正極からクロムがイオン化して溶液に入り、そのクロムイオンは負極の蛇口から電子をもらって金属になり、そこに付着します。

これが電気メッキの原理です。

金属と電気

電気分解

【図1】溶融食塩の電気分解

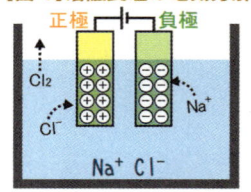

正極／負極
Cl_2　Na^+
Cl^-
$Na^+\ Cl^-$

【図2】食塩水の電気分解

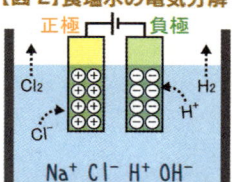

正極／負極
Cl_2　H_2
Cl^-　H^+
$Na^+\ Cl^-\ H^+\ OH^-$

> 最も酸化されやすい物質が正極に、最も還元されやすい物質が負極にいくってことだニャ

電気メッキ

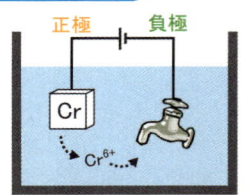

正極／負極
Cr　蛇口
Cr^{6+}

電気を流すと陽極のクロムがイオン化
そして陰極でまた金属に戻る

おひさしぶりビ！

さあ次の章ニャ

COLUMN

酸・塩基・アルカリとは?

酸、塩基と酸性、塩基性は似ているようで違う概念です。

酸と塩基の定義は「酸は水に溶けてH^+をだすものであり、塩基とは水に溶けてOH^-をだすものである」というものです。この定義によると、塩酸(HCl)はH^+をだすので酸であり、水酸化ナトリウム($NaOH$)はOH^-をだすので塩基です。また、アンモニア(NH_3)は水と反応してOH^-をだすので塩基です。

アルカリは塩基の一種ですが、自分の中にOH^-になることのできるOH原子団をもっているもののことをいいます。したがって、NH_3は塩基ですが、自分の中にOH原子団をもっていないのでアルカリとはいいません。

このように酸、塩基は物質の名前ですが、酸性、塩基性は物質の名前ではなく、溶液などの状態を指します。H^+が多い状態が酸性で、反対にH^+が少なく、OH^-の多い状態が塩基性です。アルカリの溶けている状態がアルカリ性ですが、これはOH^-の多い状態ですので、塩基性とアルカリ性は同じことになります。

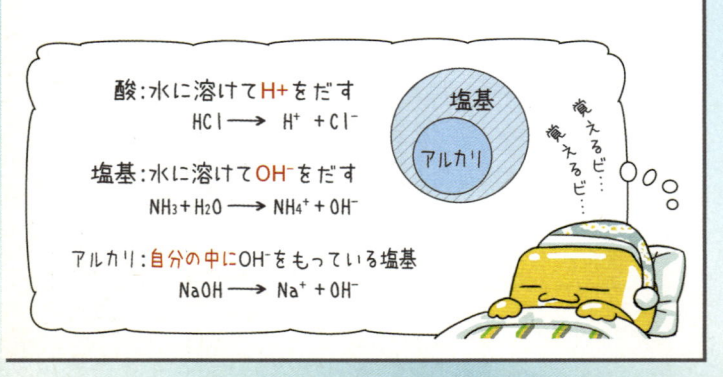

酸:水に溶けてH^+をだす
$HCl \longrightarrow H^+ + Cl^-$

塩基:水に溶けてOH^-をだす
$NH_3 + H_2O \longrightarrow NH_4^+ + OH^-$

アルカリ:自分の中にOH^-をもっている塩基
$NaOH \longrightarrow Na^+ + OH^-$

第 I 部

金属の種類と性質

4 章

金属と生体

金属は生体でも重要なはたらきをしています。骨や歯をつくるのはカルシウムですし、私たちが呼吸によって酸素を取り入れることができるのは鉄のおかげです。そして亜鉛が不足すると味がわからなくなります。その反面、各種の公害のように、金属は生体に害をなすこともあるのです。

4-1　ミネラルは金属

　複数の種類の原子が結合した分子を「化合物」といいます。純金属、ダイヤモンド、酸素ガスなど少数の例外的な物質（「単体」といいます）を除けば、ほとんどすべての物質は化合物からできています。化合物は「有機化合物」と「無機化合物」に分けられます。もともとの分類にしたがえば、有機化合物は生体でつくられる化合物であり、無機化合物はそれ以外の化合物でした。

　しかし、現在では有機化合物とは、炭素（C）を含む化合物のうち、CO、CO_2 など簡単な構造のものを除いた残りすべてのもの、と定義されています。有機化合物を構成する元素のほとんどすべては炭素と水素であり、それ以外に酸素（O）、窒素（N）、リン（P）、イオウ（S）などが加わります。

　無機化合物のうち、鉱物に関係するものを一般に「ミネラル」といいます。したがって、ミネラルはリンや硫黄を除けば、そのほとんどすべては金属か半金属元素ということになります。

　生体に関係する化合物の多くは、もちろん有機化合物です。しかし、そればかりでもありません。表は人体を構成する元素をその割合の多いものから順に並べたものです。上位4位までの酸素（65%）、炭素（18）、水素（10）、窒素（3）は有機化合物を構成する4大元素ですが、それ以外はミネラルです。さらに5位（カルシウム（Ca）2.5%）、6位（カリウム（K）0.35%）、9位（ナトリウム（Na）0.15%）は金属元素です。生体と金属は、なにか相入れないような気もしますが、決してそのようなことはないのです。

　参考までに、右表には海水中、地殻表面、大気中の元素の割合も示しました。人体を構成する元素と海水を構成する元素とはよ

く似ているので、人間も海凄(かいせい)生物が祖先であろうといわれることになります。

人体で金属元素が多く存在するのはなんといっても骨でしょう。骨の主成分はリン酸カルシウム（$Ca_3(PO_4)_2$）であり、金属元素であるカルシウム（Ca）と非金属ですがミネラルであるリン（P）をタップリと含んでいます。量は少量（0.004%）ですが目立ったはたらきをするのは鉄（Fe）です。鉄は赤血球中の呼吸タンパク質であるヘモグロビンに含まれ、肺と細胞の間の酸素運搬を行っています。

人体に含まれる金属

【表】人体を構成する元素（上位10位）

存在量順位	1	2	3	4	5	6	7	8	9	10
人体	O	C	H	N	Ca	P	K	S	Cl	Na
海水	O	H	Cl	Na	Mg	S	Ca	K	C	N
地球表層	O	Si	H	Al	Na	Ca	Fe	Mg	K	Ti
大気	N	O	Ar	C	H	Ne	He	Xe	Xe	S

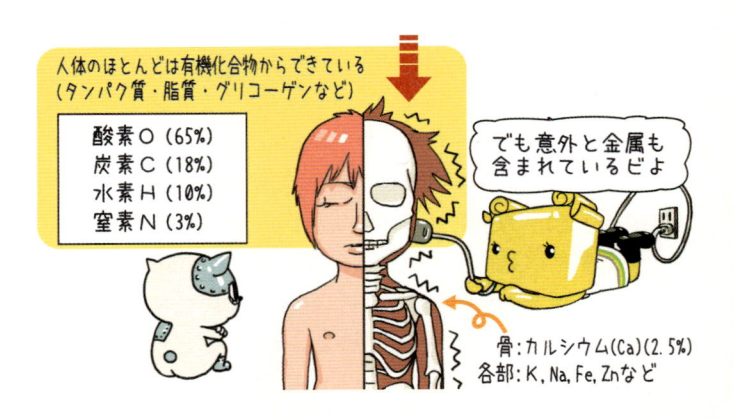

人体のほとんどは有機化合物からできている
（タンパク質・脂質・グリコーゲンなど）

酸素 O (65%)
炭素 C (18%)
水素 H (10%)
窒素 N (3%)

でも意外と金属も含まれているビよ

骨：カルシウム(Ca)(2.5%)
各部：K, Na, Fe, Zn など

4-2　水とミネラルと硬度

　水には「**硬水**」と「**軟水**」があります。いったいなにが違うのでしょうか？　硬水とはミネラル分を多く含んだ水であり、軟水とは少ない水であるといわれます。それだけでよいのでしょうか？

　それで間違いではありません。しかし、ミネラル分をまったく含まない水など、実験室で使う蒸留水や超純水はともかく、天然には存在しません。したがって、どの程度含めば硬水に分類されるのか、という"程度"の問題になります。

　水が硬水か軟水かを判断する指標に、水の「**硬度**」があります。ところが、この高度の定義がドイツ、フランス、アメリカなどでそれぞれ異なり、ややこしい関係になっています。日本では第二次世界大戦前はドイツ硬度を用いましたが、戦後はアメリカ硬度を用いています。アメリカ式によれば硬度は次のように定められます。すなわち、水1L中に含まれるカルシウム（Ca）とマグネシウム（Mg）の量（mg）を炭酸カルシウム（$CaCO_3$）の量に置き換えて計る、というものです。

　細かい話はさておき、この方法では水に含まれる各種のミネラル分のうち、問題にされるのはカルシウムとマグネシウムという金属元素だけであり、その他モロモロの成分は無視される、ということは覚えておいてよいのではないでしょうか。

　それで、どの程度の硬度があれば硬水か、それとも軟水か、という分類を右下図に示しました。硬度60以下なら軟水であり、180以上なら非常な硬水ということになります。日本の水の多くは軟水であり、ヨーロッパの水の多くは硬水であるということは確かです。特にミネラルウォーターとして有名なエビアンの水の

硬度は300もあり、トンデモナイ硬水ということになります。
　硬水には「一時硬水」と「永久硬水」があります。一時硬水はカルシウムを炭酸水素カルシウム（$Ca(HCO_3)_2$）の形でもつもので、これは煮沸するとカルシウムが炭酸カルシウム（$CaCO_3$）となって沈殿するので軟水になります。しかし、お湯を沸かしたヤカンの底には白い缶石がたまることになります。永久硬水はカルシウムやマグネシウムが塩酸塩（$CaCl_2$）、硫酸塩（$CaSO_4$）の形になっているもので、煮沸しても変化しません。

水の硬度

天然水…かならずミネラルを含む
↓
どのくらい含むかで硬度が決まる ― 多い＝硬水
　　　　　　　　　　　　　　　　― 少ない＝軟水

硬度（アメリカ硬度）

水1リットル中に含まれるカルシウム(Ca)とマグネシウム(Mg)の量（ミリグラム）を炭酸カルシウム($CaCO_3$)の量に置き換えて計ったもの

Caの原子量 → 40
Mgの原子量 → 24
$CaCO_3$の分子量 → 100
なので

硬度(mg/L)
≒ Ca量(mg/L)×2.5 + Mg量(mg/L)×4.1

硬水・軟水の分類

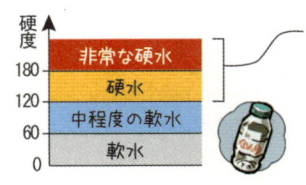

硬度	
180〜	非常な硬水
120〜180	硬水
60〜120	中程度の軟水
0〜60	軟水

硬水には一時硬水と永久硬水がある
一時硬水は加熱すると軟水になる

$Ca(HCO_3)_2 → CaCO_3 + CO_2 + H_2O$
硬水の原因物　　沈殿(缶石)　　　　水

4-3　硬水と軟水

　前節で見たように、水には**軟水**と**硬水**があります。日本の水は軟水が多く、ヨーロッパの水はおもに硬水です。それでは実生活において軟水と硬水は、どういう違いとなって現れるのでしょうか？

　まず、ハッキリするのは洗濯でしょう。昔の洗剤は石鹸であり、それは脂肪酸の**ナトリウム塩**（RCO_2Na）でした。石鹸を硬水で使ったらどうなるでしょうか？　それは化学式で明らかです。RCO_2Naと硬水のもとともいうべきCa^{2+}が反応したら$(RCO_2)_2Ca$となり、それは不溶性のドロドロした物体です。洗濯をしている水中にそのような物質ができたら、洗濯が成り立たないことは明らかです。

　では、飲料水としてはどうでしょうか？　よく軟水は、飲料水に向くが硬水は向かないといいます。しかし、このような問題は好みも入りますのではっきりしません。硬水には**ミネラル**が含まれるのでミネラル補給によいという説もあります。コーヒーを硬水で入れると味と香りが鮮明になり、軟水で入れるとまろやかになるといいます。こうなると良し悪しではなく、好みの問題であることがハッキリします。

　お酒を造る水にも硬水と軟水があります。灘の生一本で有名な神戸・灘のお酒は、六甲山をくぐり抜けた硬水の宮水で造ります。硬水を使うとミネラルのおかげで酵母のはたらきが活発になり、輪郭のハッキリしたキリッとしたお酒ができるといいます。しかし、京都・伏見のお酒は軟水で造ります。酵母がオットリとしているせいか、マロヤカでハンナリとした伏見の銘酒になります。ど

サイエンス・アイ新書 図書案内

「科学の世紀」の羅針盤

2008 JUNE Vol.14

SoftBank Creative
表示価格はすべて税込み価格です。
ソフトバンク クリエイティブ 株式会社
東京都港区赤坂4-13-13

6月の新刊

SIS-068 生物
食卓の骨には進化のナゾがつまっている

フライドチキンの恐竜学

著者：盛口 満　　定価1,000円　ISBN978-4-7973-4694-7

SIS-069 化学
地球はメタルでできている！
楽しく学ぶ金属学の基礎

金属のふしぎ

著者：齋藤勝裕　　定価1,000円　ISBN978-4-7973-4792-0

SIS-070 心理
座席の端に座りたがるのは？
幼いころの記憶がないのは？

マンガでわかる心理学

著者：ポーポー・ポロダクション　　定価1,000円　ISBN978-4-7973-4770-8

SIS-071 人体
体にやさしく、効率的に脂肪燃焼できる理由とは！？

自転車でやせるワケ

著者：松本 整　　定価1,000円　ISBN978-4-7973-4195-9

サイエンス・アイ新書 好評既刊一覧

SIS-061	数学	楽しく学ぶ数学の基礎	著者：星田直彦 定価1,000円 ISBN978-4-7973-4406-6
SIS-059	人体	その食べ方が死を招く	著者：healthクリック 定価1,000円 ISBN978-4-7973-4467-7
SIS-058	人体	みんなが知りたい男と女のカラダの秘密	著者：野口哲典 定価1,000円 ISBN978-4-7973-4457-8
SIS-057	生物	タテジマ飼育のネコはヨコジマが見えない	編著：高木雅行 定価1,000円 ISBN978-4-7973-4337-3
SIS-056	化学	地球にやさしい 石けん・洗剤ものしり事典	著者：大矢 勝 定価1,000円 ISBN978-4-7973-4336-6
SIS-055	数学	計算力を強化する鶴亀トレーニング	監修：メダカカレッジ 著者：鹿持浩 定価1,000円 ISBN978-4-7973-4420-2
SIS-054	科学	スポーツ科学から見たトップアスリートの強さの秘密	著者：児玉光雄 定価945円 ISBN978-4-7973-4578-0
SIS-053	理工系	天才の発想力	著者：新戸雅章 定価945円 ISBN978-4-7973-4281-9
SIS-052	化学	大人のやりなおし中学化学	著者：左巻健男 定価1,000円 ISBN978-4-7973-4283-3
SIS-051	物理	大人のやりなおし中学物理	著者：左巻健男 定価1,000円 ISBN978-4-7973-4282-6
SIS-050	生物	おもしろすぎる動物記	著者：實吉達郎 定価945円 ISBN978-4-7973-4419-6
SIS-049	数学	人に教えたくなる数学	著者：根上生也 定価1,000円 ISBN978-4-7973-4418-9
SIS-048	IT	キカイはどこまで人の代わりができるか？	著者：井上猪雄 定価1,000円 ISBN978-4-7973-4455-4
SIS-047	数学	マンガでわかる微分積分	監修：メダカカレッジ 著者：石山たいら・大上丈彦 定価1,000円 ISBN978-4-7973-4250-5
SIS-046	医学	健康の新常識100	著者：岡田正彦 定価1,000円 ISBN978-4-7973-4201-7
SIS-045	科学	うまい酒の科学	著者：独立行政法人 酒類総合研究所 定価1,000円 ISBN978-4-7973-4198-0
SIS-044	PC	セカンドライフ 日本語版ハンドブック	著者：山路達也、田中拓也、リアクション 定価1,000円 ISBN978-4-7973-4325-0
SIS-043	心理	マンガでわかる色のおもしろ心理学2	著者：ポーポー・ポロダクション 定価1,000円 ISBN978-4-7973-4404-2
SIS-042	工学	F1テクノロジーの最前線	著者：檜垣和夫 定価1,000円 ISBN978-4-7973-4408-0
SIS-041	宇宙	暗黒宇宙で銀河が生まれる	著者：谷口義明 定価1,000円 ISBN978-4-7973-4193-5
SIS-040	理工系	科学的に説明する技術	著者：福澤一吉 定価1,000円 ISBN978-4-7973-4123-2
SIS-039	地学	地震予知の最新科学	著者：佃 為成 定価945円 ISBN978-4-7973-4410-3
SIS-038	生物	みんなが知りたい動物園の疑問50	著者：加藤由子 定価1,000円 ISBN978-4-7973-4234-5
SIS-037	科学	繊維のふしぎと面白科学	著者：山崎義一 定価945円 ISBN978-4-7973-4219-2
SIS-036	科学	始まりの科学	編著：矢沢サイエンスオフィス 定価1,000円 ISBN978-4-7973-3929-1
SIS-034	地学	鉱物と宝石の魅力	著者：松原 聰・宮脇律郎 定価1,000円 ISBN978-4-7973-4127-0
SIS-033	科学	プリンに醤油でウニになる	著者：都甲 潔 定価945円 ISBN978-4-7973-4124-9

最新情報はこちらで ☞ http://sciencei.jp/

番号	分類	タイトル	定価	著者	ISBN
SIS-032	生物	深海生物の謎	定価1,000円	著者:北村雄一	ISBN978-4-7973-3923-9
SIS-031	工学	心はプログラムできるか	定価945円	著者:有田隆也	ISBN978-4-7973-4024-2
SIS-030	工学	カラー図解でわかるクルマのしくみ	定価1,000円	著者:市川克彦	ISBN978-4-7973-3917-8
SIS-029	生物	行動はどこまで遺伝するか	定価945円	著者:山元大輔	ISBN978-4-7973-3889-8
SIS-028	生物	みんなが知りたい水族館の疑問50	定価1,000円	著者:中村 元	ISBN978-4-7973-4233-8
SIS-027	生物	生き物たちのふしぎな超・感覚	定価945円	著者:森田由子	ISBN978-4-7973-4248-2
SIS-026	PC	いまさら聞けないパソコン活用術	定価945円	著者:大崎 誠	ISBN978-4-7973-4275-8
SIS-025	生物	ネコ好きが気になる50の疑問	定価945円	著者:加藤由子	ISBN978-4-7973-4179-9
SIS-024	生物	イヌ好きが気になる50の疑問	定価945円	著者:吉田悦子	ISBN978-4-7973-3925-3
SIS-023	宇宙	宇宙はどこまで明らかになったのか	定価1,000円	編著:福江 純・粟野諭美	ISBN978-4-7973-3731-0
SIS-022	PC	プログラムのからくりを解く	定価1,000円	著者:高橋麻奈	ISBN978-4-7973-3950-5
SIS-021	IT	<図解&シム>電子回路の基礎のキソ	定価945円	著者:米田 聡	ISBN978-4-7973-4194-2
SIS-020	物理	サイエンス夜話	定価1,000円	著者:竹内 薫・原田章夫	ISBN978-4-7973-3921-5
SIS-019	医学	がんの仕組みを読み解く	定価945円	著者:多田光宏	ISBN978-4-7973-3787-7
SIS-018	IT	進化するケータイの科学	定価945円	著者:山路達也	ISBN978-4-7973-3928-4
SIS-017	工学	燃料電池と水素エネルギー	定価945円	著者:槌屋治紀	ISBN978-4-7973-3728-0
SIS-016	PC	怠け者のためのパソコンセキュリティ	定価945円	著者:岩谷 宏	ISBN978-4-7973-4126-3
SIS-015	PC	あなたはコンピュータを理解していますか?	定価945円	著者:梅津信幸	ISBN978-4-7973-3949-9
SIS-014	数学	数学的センスが身につく練習帳	定価945円	著者:野口哲典	ISBN978-4-7973-3931-4
SIS-013	理工系	理工系の"ひらめき"を鍛える	定価945円	著者:児玉光雄	ISBN978-4-7973-4102-7
SIS-012	工学	基礎からわかるナノテクノロジー	定価945円	著者:西山喜代司	ISBN978-4-7973-3918-5
SIS-011	医学	やさしく学ぶ免疫システム	定価945円	著者:松尾和浩	ISBN978-4-7973-3888-1
SIS-010	工学	やさしいバイオテクノロジー	定価945円	著者:芦田嘉之	ISBN978-4-7973-3890-4
SIS-009	PC	理工系のネット検索術100	定価945円	著者:田中拓也・芦刈いづみ・飯富崇生	ISBN978-4-7973-3957-4
SIS-008	工学	進化する電池の仕組み	定価945円	著者:箕浦秀樹	ISBN978-4-7973-3788-5
SIS-007	心理	マンガでわかる色のおもしろ心理学	定価945円	著者:ポーポー・ポロダクション	ISBN978-4-7973-3919-5
SIS-006	工学	透明金属が拓く驚異の世界	定価945円	著者:細野秀雄・神谷利夫	ISBN978-4-7973-3732-X
SIS-005	PC	パソコンネットワークの仕組み	定価945円	著者:三谷蔵之・米田 聡	ISBN978-4-7973-3730-3
SIS-004	理工系	論理的に考える技術	定価945円	著者:村山涼一	ISBN978-4-7973-3726-5
SIS-003	科学	暮らしの中の面白科学	定価945円	著者:花形康正	ISBN978-4-7973-3786-9
SIS-002	数学	知ってトクする確率の知識	定価945円	著者:野口哲典	ISBN4-7973-3727-3
SIS-001	IT	最新Webテクノロジー	定価945円	著者:電脳事務	ISBN4-7973-3725-7

大ブレイク中!

SIS-035　工学

アナウンスで聞くドアモードとはなにか？
フラップの仕組みはどうなっているのか？

みんなが知りたい旅客機の疑問50

著者：秋本俊二

定価1,000円　ISBN978-4-7973-4268-0

大ブレイク中!

SIS-060　工学

ジャンボジェットを超えるオール2階建て巨大機の開発から就航まで

エアバスA380まるごと解説

著者：秋本俊二

定価1,000円　ISBN978-4-7973-4671-8

4月の新刊

SIS-062　生物

緑色に秘められたしくみと働き

葉っぱの不思議

著者：田中 修

定価1,000円　ISBN978-4-7973-4693-0

4月の新刊

SIS-063　IT

サイトの使い方から宇宙・航空機関連の貴重な画像の探し方まで

英語が苦手なヒトのためのNASAハンドブック

著者：大崎 誠・田中拓也

定価1,000円　ISBN978-4-7973-4745-6

5月の新刊

SIS-064　生物

いもむしが日本を救う？
めったに見つからないカブトムシ？

身近なムシのびっくり新常識100

著者：森 昭彦

定価1,000円　ISBN978-4-7973-4358-8

5月の新刊

SIS-065　数学

新ゲーム理論で読みとく人間関係の裏事情

うそつきは得をするのか

著者：生天目 章

定価1,000円　ISBN978-4-7973-4482-0

5月の新刊

SIS-066　科学

身近にあるけど意外に知らない、単位の面白ワールドへようこそ！

知っておきたい単位の知識200

著者：伊藤幸夫・寒川陽美

定価1,000円　ISBN978-4-7973-4725-8

5月の新刊

SIS-067　数学

宝くじには当たりやすい番号がある？
A型の人は長生きする？

数字のウソを見抜く

著者：野口哲典

定価1,000円　ISBN978-4-7973-4695-4

ちらがよいかは好みです。

　パンをつくる場合には、硬水のほうが酵母のはたらきを活発にするのでよいといわれます。しかし、軟水に向いている酵母もあり、そのような場合には軟水のほうが適していることになります。

　しかし、工業用水として考える場合には軟水のほうに軍配が上がりそうです。理由は簡単です。硬水は溶解塩類が多い、それだけです。要するに不純物が多いのです。工業用水に純水に近いものが向いているのは当然です。硬水は加熱すれば缶石を生じ、化学反応の溶媒（ようばい）に使えば金属イオンがジャマをします。染色に使うとCa^{2+}が染料と反応し、色むらが生じるといわれます。

硬水と軟水の違い

洗濯に向かない硬水

$$2RCO_2Na + Ca^{2+} \rightarrow (RCO_2)_2Ca + 2Na^+$$

石けん（不溶性）　　　石けんカス（不溶性）

あれれまぁカスが…

工業用水にも向かないニャ

飲み物や食べ物は好みの問題だけどね

軟水・硬水、どちらがお好み？

軟水の酒

硬水の酒

シャッキリしてイイナー

はんなりしてよーおすえー

4-4 微量金属と健康

　人体を構成する元素はO、C、H、N、Ca、P、K、S、Cl、Naでほとんど100%を占めます。しかし、人体にはほとんどすべての種類の元素が入っています。すなわち、自然界に存在する90種ほどの元素のうち、上の元素と希ガス元素を除く70種ほどの元素は、きわめて微小な量ですが、それぞれ人体に貢献しているのです。

　生命を維持するために必須の元素を「**必須元素**」といいます。また、微量にしか存在しないものを「**微量元素**」といいます。微量元素の大部分は金属元素です。微量元素は酵素の活性中心になっていることが多いので、量は少なくとも重要なはたらきをし、不足するとすぐに体内の生化学反応のバランスが崩れ、体調不良となって現れます。おもな微量金属元素のはたらきを見てみましょう。

亜鉛（Zn）

　人体には1.5〜2.5gほどの亜鉛が含まれているといわれます。亜鉛は細胞分裂を促進するはたらきがあります。不足すると味覚異常になり、食物の味がわからなくなります。

バナジウム（V）

　コレステロールはホルモンの原料として大切なものですが、バナジウムはコレステロールの体内合成に関係しています。

クロム（Cr）

　金属は体内ではイオンの形で存在します。クロムには3価のクロム（Cr^{3+}）と6価のクロム（Cr^{6+}）があります。Cr^{6+}は有毒ですので体内に入れてはいけません。しかし、Cr^{3+}はインシュリンの分泌を助け、炭水化物や脂質の代謝を促進します。

マンガン (Mn)

炭水化物や脂質の代謝を促進します。脳下垂体の機能を活性化し、各種ホルモンの分泌を活発にします。特に骨の成長に欠かせないものとされています。また、細胞内小器官のミトコンドリアの中でエネルギーの生産を促進します。

コバルト (Co)

ビタミンB_{12}の活性中心です。ビタミンB_{12}が不足すると悪性の貧血が起こり、それが嵩(こう)じると精神疾患が現れることもあります。

微量元素ではありませんが、ナトリウム (Na) とカリウム (K) は神経細胞にあり、細胞膜にあるナトリウムチャネルという入り口を通って神経細胞から出入りすることにより、神経細胞の情報伝達を行っています (11-2参照)。また、マグネシウム (Mg) はカルシウム (Ca) が正常に機能するのを助けるはたらきがあり、そのためにはカルシウムと同量、もしくは半量を摂る必要があるといわれています。

人体に必要な微量金属

- **多量元素**: O C H N Ca P
- **少量元素**: Na K →神経伝達 S Cl / Mg →カルシウム吸収
- **微量元素**: Fe →赤血球(酸素を運ぶ) / Zn →細胞分裂促進 / Mn →骨の成長促進 …などなど
- **超微量元素**: V →コレステロール合成 / Cr →インシュリンの分泌促進 / Co →貧血防止 …などなど

これだけで存在量は99.4%にもなるニャ

量は少ないけどとっても大事だビ！

4-5　重金属と公害

　金属のうち、比重が4〜5より小さいものを「軽金属」、大きいものを「重金属」といいます。重金属には鉄や亜鉛のように生体に有用なものもありますが、毒性をもつものもあります。また亜鉛のように、適度な量であれば人体に欠かせない金属ですが、一定濃度を超すと有害になるものもあります。

　重金属は公害の原因になったという忌まわしい過去があります。その代表的なものを挙げてみましょう。

カドミウム (Cd) →イタイイタイ病

　富山県の神通川流域には奇妙な病気がありました。骨が弱くなり、チョッとした衝撃で骨折が起こります。そのため患者は寝たきりになり、床に寝たまま「イタイイタイ」と言い続けるという悲惨な病気でした。

　当初は風土病とすら思われたイタイイタイ病は、実は公害であることがわかりました。神通川上流にある神岡鉱山から流れだしたカドミウム (Cd) が神通川を汚染しただけでなく、流域の土地に染みだしたのです。そのため、そこに育った作物を食べた住民がカドミウムによって中毒になったのです。

水銀 (Hg) →水俣病

　1955年ごろ、熊本県水俣市で起こった公害です。患者は平衡感覚に異常が現れ、重症の場合にはけいれん、精神錯乱を起こして死に至ることもありました。原因は肥料工場から流れだした有機水銀 (メチル水銀) であることがわかりました。海水中のメチル水銀が、プランクトン→小魚→食用魚→人というように、食物連鎖を通した生物濃縮によって、人体に害を与えたのでした。

まったく同様の公害が新潟県の信濃川流域でも起こり、こちらは新潟水俣病、あるいは第二水俣病といわれます。

ヒ素（As）→ヒ素ミルク中毒

1955年、岡山県など西日本一帯で乳児の皮膚が黒ずんだり発疹を起こし、おなかが極端にふくらむなどの異常が現れました。患者数は1万2,000人に達し、ハッキリしているだけで140人近くの赤ちゃんが亡くなりました。

調査により、乳児の飲んだ粉ミルクにヒ素（As）が混じっていたことが明らかになりました。粉ミルク製造会社がヒ素の混じった原料を用いたのが原因でした。

人体に悪影響をおよぼす金属

金属 { 軽金属：比重が4〜5より小さいもの(Al、Mg、Tiなど)
重金属：比重が4〜5より大きいもの(Fe、Pb、Cd、Asなど)

↓ 毒性をもつものがある

重金属が原因となった公害

イタイイタイ病（カドミウム中毒）

水俣病（水銀中毒）

ヒ素ミルク事件（ヒ素中毒）

……

メタルちゃん…

4-6　犯罪の影の金属毒

　毒物があればそれを使おうとする者がでてくるのは、古今東西を問わないようです。無機性の毒として両雄ともいえる、ヒ素とタリウムを使った事件を見てみましょう。

和歌山カレー事件

　1998年夏、和歌山県和歌山市で町内の夏祭りでカレーを食べた地域住民が身体の異常を訴えました。結局被害者は67人でうち4人が亡くなりました。調べたところ、カレーからヒ素が発見されました。地域住民に敵愾心(てきがいしん)を覚えた容疑者が家業のシロアリ退治に使っていた亜ヒ酸(As_2O_3)をカレーに入れたものであることがわかりました。しかし容疑者は否認し、裁判は係争中です。

ブランヴィリエ侯爵夫人事件

　太陽王ルイ14世の支配した17世紀中ごろ、パリの街を震撼(しんかん)させた一連の殺人事件です。犯人は名門貴族の娘で、のちにブランヴィリエ侯爵と結婚したマリーでした。マリーは遺産を手に入れるため、愛人と共謀して父親をヒ素で毒殺しようとしました。まず、ヒ素の効果を確認するため慈善病院を慰問し、患者にヒ素を飲ませて50人以上を毒殺しました。その後、父親、兄弟姉妹、夫、ついには愛人までをも毒殺してしまったという、歴史的な毒殺事件です。

女子高生タリウム事件

　2005年、静岡県静岡市の主婦の体調が悪くなりました。足がジンジンする、毛髪が抜けるなど、タリウム(Tl)中毒に特有の症状があるため、検査したところ体内からタリウムが発見されました。調査により、その家の女子高生が主婦の食事や水にタリウムを何

日にもわたって混入し続けていたことがわかりました。女子高生は母親の容態の推移を克明にノートにつけていたといい、全容の解明が待たれる事件です。

グレアム・ヤング事件

1960年代にイギリスで起こったタリウムを用いた連続殺人事件です。犯人のグレアム・ヤングは幼いころから毒物に興味をもち、14歳で継母を毒殺しました。その後も家族に毒物を飲ませ、職場の同僚2人をタリウムで毒殺しました。この事件は被害者の数より、犯人の心理状態の異常さが際立ったものでした。犯人は被害者の容態の推移を化学者のように冷静に観察し、記録に取っていたのです。静岡の事件は、この事件に影響を受けたものといわれています。

4-7 誤った用法

　金属は歴史的に構造材料として扱われてきました。そのためか、金属の化学的、薬学的な利用法には間違ったものがあったようです。

● 白粉（おしろい）

　白粉は女性の重要な武器ですが、この武器が女性自身を攻撃していたのです。江戸時代の白粉には鉛白（えんぱく）（$2PbCO_3・Pb(OH)_2$）が用いられていました。鉛は有毒です。そのため、ドーランで厚化粧する歌舞伎役者や遊女の中には、これで命をちぢめた人がいたといわれています。そればかりでなく、授乳の際に赤ちゃんが母親を通して鉛を吸収してしまい、被害を受けた例もあるそうです。

● 効果的な説教

　キリスト教では教会に集まって牧師さんのお説教を聞きます。このときの牧師さんの姿形はかなり大切です。肥え太って脂（あぶら）ぎって赤ら顔の牧師さんが大声でまくし立てるより、ホッソリとして色白の、まるで明日にでも神に召されそうな牧師さんがささやくように話したほうが、ありがたみもあろうというものです。

　ということで、ルネサンス期の牧師さんはヒ素（As）を常用し、人為的な貧血状態にしていたといいます。牧師さんも大変なのです。当時の貴婦人たちもトファーナ水という名前でヒ素の水溶液を用いていました。

● 脱毛剤・結核治療薬

　タリウム（Ti）やヒ素は猛毒ですが、知らぬが仏で、昔は薬として使われていた例もあります。タリウムは軟膏（なんこう）として脱毛剤に使われた歴史があります。しかし、皮膚から吸収されて被害がでる

本当の薬

金属の間違った使用法を挙げましたが、薬として用いられている金属もありますので、金属の名誉のためにそのいくつかを紹介しておきましょう。

現在は使われていませんが、梅毒（ばいどく）の薬として有名であったサルバルサンは、分子内に2個のヒ素原子をもっています。金チオリンゴ酸ナトリウムは、金を利用している数少ない薬剤の1つですが、これはリウマチの薬です。白金を含む薬もあり、抗がん剤であるシスプラチンやカルボプラチンなどがあります。

また、猛毒の酢酸（さくさん）タリウムも、菌を培養するための培養地の消毒剤として、医学・薬学に貢献しているのです。人間と同じように、金属も一面だけを見て判断してはいけないということです。

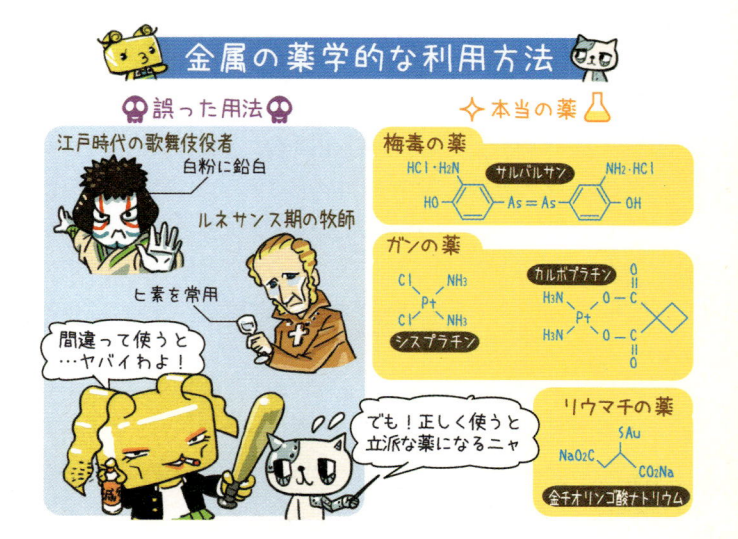

4-8　1殺50億円

　遠い中世の昔、理知的でありながらいかがわしい職業（？）に「**錬金術師**」というものがありました。有力な王侯貴族に雇われて、安価な金属を高価な金に変える職業でした。正確にいえば、変えることができるように研究を重ねるのが仕事でした。

　現在では"常識"ですが、当時の技術で原子をほかの原子に変えることはできません。したがって、錬金術のことごとくは失敗でした。一見成功したように見えても、結局はメッキでした。やがて錬金術はアヤシイ職業の代名詞のようになりました。

　しかし、現在の技術では、原子をほかの原子に変えることができます。これが「**原子核反応**」です。現在、私たちがふつうの意味で反応というときには化学反応を指します。化学反応で原子核を変化することは不可能です。しかし、原子核反応では原子核が変化するのは当然です。化学反応と原子核反応では、反応のために使うエネルギーがまるで違うのです。

　現在では原子炉を使って原子核反応を起こせば、原子核をほかの原子に変えることは簡単です。コストさえ考えなければ、白金（Pt）を金（Au）に変えることはできない相談ではありません。現にいくつかの元素は天然では手に入りにくいことから、原子炉で人為的につくったものを用いています。このような元素に**ポロニウム**（Po）があります。

　ポロニウム、聞いた覚えはありませんか？　2006年、ロンドンで亡命ロシア人が暗殺されました。ロンドンの寿司バーで毒を盛られたとの遺言を残していて、調べたところ、体内からポロニウムが発見されたのです。ポロニウムは放射性元素であり、$α$崩壊

をし、その半減期は138日です。したがって、1gのポロニウムは138日たつと半分の0.5gになり、残りの半分は鉛になります。さらに138日たつと0.5gの半分の0.25gになり、さらに138日たつと0.125gとドンドン少なくなります（グラフ参照）。

ポロニウムの50％致死量は100万分の1gといわれます。100人の人が1人100万分の1gずつのポロニウムを飲むと、50人は死んでしまうという毒性です。100万分の1gというトンデモナク少ない量を飲んだだけで死んでしまうという、トンデモナイ毒性なのです。このとき新聞の見出しに踊った言葉が「1殺50億円」というものでした。100万分の1gが50億円!!　それはポロニウムが実際には天然界から得られず、原子炉でつくる以外ないためについた値段だったのです。

もし原子炉で金をつくったら、やはり同じような値段になることでしょう。2008年現在の金の値段、1gあたり3,000円なんて目ではありません。しかし、原子炉でしかつくれないポロニウムに値段がつくとも思えません。事件はいまだ調査中です。

ポロニウム（Po）

・天然にはごくわずかしか存在しない
・ビスマス（Bi）に中性子を照射して原子炉でつくることができる

ものすごくお金がかかるニャ　50億？

■ ポロニウムの核反応

$$^{210}_{84}\text{Po} \rightarrow {}^{4}_{2}\text{He} + {}^{206}_{82}\text{Pb}$$

α線　　鉛

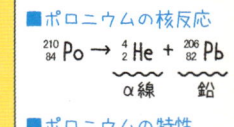

■ ポロニウムの特性
・50％致死量 100万分の1g
・半減期 138日

【グラフ】ポロニウムの半減期

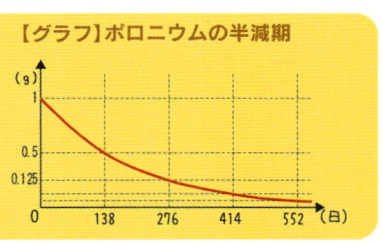

COLUMN 酸性酸化物と塩基性酸化物

　酸化物のうち、水に溶けて酸性になるものを「**酸性酸化物**」、塩基性になるものを「**塩基性酸化物**」といいます。

　非金属の酸化物は酸性酸化物です。たとえばイオウの酸化物(SO_2)は水に溶けて酸の亜硫酸(H_2SO_3)となります。それに対して金属の酸化物は多くの場合、塩基性です。カリウムの酸化物(K_2O)は水に溶けると強塩基である水酸化カリウム(KOH)となりますし、カルシウム(Ca)の酸化物CaO(酸化カルシウム。生石灰ともいう)も水と反応すると$Ca(OH)_2$(水酸化カルシウム。消石灰ともいう)となって強塩基性を示します。

　しかし、アルミニウム(Al)の酸化物である酸化アルミニウム(Al_2O_3)は、塩基性を示して酸と反応します。たとえば塩酸と反応して塩化アルミニウム($AlCl_3$)になります。その一方、酸性を示して塩基、たとえば水酸化ナトリウムと反応してアルミン酸ナトリウム($NaAlO_2$)となります。このように、酸とも塩基とも反応する酸化物を「**両性酸化物**」といいます。

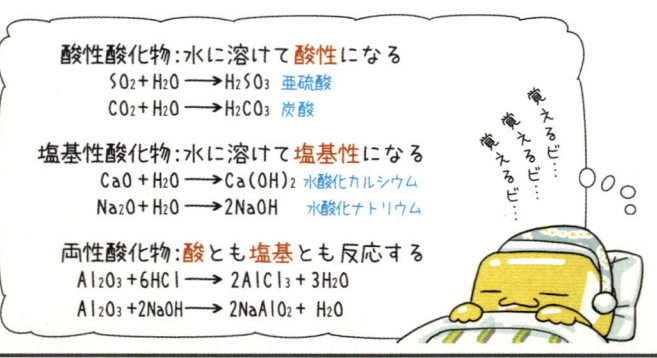

酸性酸化物：水に溶けて**酸性**になる
$$SO_2 + H_2O \longrightarrow H_2SO_3 \quad 亜硫酸$$
$$CO_2 + H_2O \longrightarrow H_2CO_3 \quad 炭酸$$

塩基性酸化物：水に溶けて**塩基性**になる
$$CaO + H_2O \longrightarrow Ca(OH)_2 \quad 水酸化カルシウム$$
$$Na_2O + H_2O \longrightarrow 2NaOH \quad 水酸化ナトリウム$$

両性酸化物：**酸**とも**塩基**とも反応する
$$Al_2O_3 + 6HCl \longrightarrow 2AlCl_3 + 3H_2O$$
$$Al_2O_3 + 2NaOH \longrightarrow 2NaAlO_2 + H_2O$$

第 I 部
金属の種類と性質

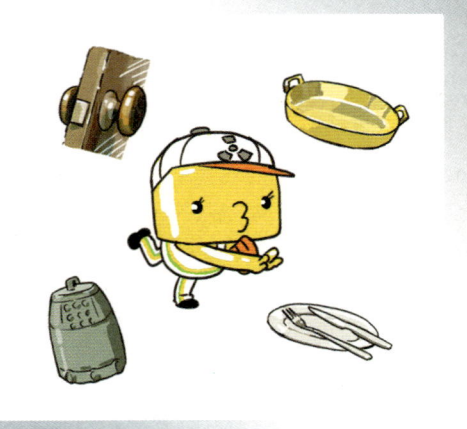

5章
金属の種類

金属の種類は多いので、いくつかの種類に分けて整理すると便利です。比重で分けると軽金属と重金属になります。入手しやすいかどうかで分けるとコモンメタルとレアメタルになります。典型金属と遷移金属という分類もあります。また何種類かの金属を混ぜたものは合金といわれます。

5-1 典型金属と遷移金属

　金属元素には70種もの種類があります。これらの金属元素は、それぞれ特有の性質をもっています。そしてその性質にしたがって、いくつかの種類に分類されています。金属元素を分類する分類法にはいくつかの種類がありますが、その1つが金属元素を「**典型金属**」と「**遷移金属**」に分けるものです。

典型金属

　元素は典型元素と遷移元素に分けることができます (1-10参照)。典型元素のうち、金属元素であるものを「**典型金属元素**」といいます。この種類としては、まず1族の「**アルカリ金属**」と2族の「**アルカリ土類金属**」があります。また12族のすべてと13、14、15、16族の一部も含みます。

　典型金属元素の特徴は、同じ族に属する元素は性質が似ていることです。すなわち、1族のアルカリ金属は+1価のイオンになり、2族のアルカリ土類金属は+2価のイオンになりますし、13族のアルミニウムなどは+3価になります。そのほかの族に関しても、表に示しました。

遷移金属

　典型元素には、金属元素のほかに非金属元素、半金属元素がありますし、形状も25℃で気体、液体、固体などいろいろなものがあります。しかし遷移元素はすべてが金属元素であり、水銀 (Hg) を除けば、すべての元素は25℃で固体です。

　遷移元素は互いに最外殻の電子数が似ているため、典型元素と異なり、族が異なっても性質に大きな相違はないことがあります。それでも11族の銅 (Cu)、銀 (Ag)、金 (Au) は化学的に貴金属と呼ば

れ性質も似ていますし、12族の亜鉛（Zn）、カドミウム（Cd）、水銀（Hg）は、ともに+2価の陽イオンになりやすいなどの似た性質をもちます。また、3族のスカンジウム（Sc）、イットリウム（Y）、ランタノイドは「希土類」と呼ばれ、互いに似た性質をもちます。

遷移金属元素の変わり者は、ランタノイド元素とアクチノイド元素です。両者とも3族に属する元素群ですが、ともに15種類の元素からできています。ランタノイド元素には現代電子産業を支える大切な金属があり、アクチノイド元素には原子力産業を支える大切な金属があります。

原子番号92のウランより原子番号の大きい元素は天然には存在せず、原子炉で人工的につくられますので「超ウラン元素」といわれます。

典型金属と遷移金属

【表】周期表上に見る典型金属と遷移金属

族\周期	1	2	3	4	5	6	7	8	9	10	11	12	13	14	15	16	17	18
1	H																	He
2	Li	Be			典型金属								B	C	N	O	F	Ne
3	Na	Mg			遷移金属								Al	Si	P	S	Cl	Ar
4	K	Ca	Sc	Ti	V	Cr	Mn	Fe	Co	Ni	Cu	Zn	Ga	Ge	As	Se	Br	Kr
5	Rb	Sr	Y	Zr	Nb	Mo	Tc	Ru	Rh	Pd	Ag	Cd	In	Sn	Sb	Te	I	Xe
6	Cs	Ba	ランタノイド	Hf	Ta	W	Re	Os	Ir	Pt	Au	Hg	Tl	Pb	Bi	Po	At	Rn
7	Fr	Ra	アクチノイド	Rf	Db	Sg	Bh	Hs	Mt									
価電子数	1	2	←────── 超ウラン元素 ──────→										3	4	5	6	7	0

ランタノイド	La	Ce	Pr	Nd	Pm	Sm	Eu	Gd	Tb	Dy	Ho	Er	Tm	Yb	Lu
アクチノイド	Ac	Th	Pa	U	Np	Pu	Am	Cm	Bk	Cf	Es	Fm	Md	No	Lr

超ウラン元素

5-2　軽金属と重金属

　ここで、金属をその比重によって分類する方法を解説します。単位体積あたりの物質の質量（重さ）を水と比べた比を「**比重**」といいます。その比重がおおむね5以下の金属を「**軽金属**」、それより重いものを「**重金属**」といいます。しかし、基準を4程度とする場合もあり、あまり厳密な定義ではありません。

軽金属

　軽金属としてはアルカリ金属、アルカリ土類金属のほか、アルミニウム、チタンなどがあります。おもな軽金属の比重を表1に示しました。

　日常の中で軽さを実感するのは、比重2.70のアルミニウムでしょう。その軽さのために各種の構造材として利用されています。アルミニウムに少量の銅（3.0〜4.5%）、マグネシウム（0.3〜1.0%）、マンガン（0.5〜1.0%）を混ぜた合金であるジュラルミンは、軽くて強い金属であり、航空機の構造材として欠かせません。

　アルカリ金属のリチウム（比重0.53）、ナトリウム（0.77）、カリウム（0.86）の比重は水より小さく、爆発的に反応するので非常に危険ですが、水に浮かべることができます。最も軽いリチウムの比重は、水の半分しかありません。

重金属

　おもな重金属の比重を表2に示しました。鉄、銅、スズ、亜鉛、水銀など、一般的な金属はほとんどすべてが重金属です。なかでも重いものは金（比重19.3）、白金（21.4）、タングステン（19.3）、ウラン（19.1）などです。また鉛（11.3）、水銀（13.6）なども大きな比重をもっています。これらの金属に比べたら、鉄（7.86）、銅

(8.92)、スズ (7.28) などはたいしたことはない、ということができるかもしれません。

水銀は、かつて鉱山で金属と岩石を選り分けるのに使われました。水銀選鉱法といいます。金属を含む鉱石を細かく砕いて、金属部分と岩石部分に分けます。これを水銀のプールに入れると比重が水銀より大きい金属は水銀に沈み、一方、比重が水銀より小さい岩石は水銀に浮くので、両者を分離することができるのです。

しかし、水銀の毒性が明らかになった現在、このような選鉱は行われなくなりました。

比重による金属の分類

【表1】軽金属

金属	Li	Na	K	Ca	Mg	Be	Al	Ti
比重	0.53	0.77	0.86	1.55	1.74	1.85	2.70	4.50

【表2】軽い重金属

金属	Sn	Zn	Mn	Fe	Cd	Ni	Co	Cu	Po
比重	5.80 (α)* 7.28 (β)*	7.14	7.44 (α)* 7.29 (β)* 7.21 (γ)* 7.21 (δ)*	7.86	8.65	8.85	8.90	8.92	9.32

*同素体 (結晶形) が違うもの

【表3】重い金属

金属	Ag	Pb	Hf	Hg	U	W	Au	Pt	Ir
比重	10.49	11.3	13.3	13.6	19.1	19.3	19.3	21.4	22.65

5-3 コモンメタルとレアメタル

　ここまでに見てきたように、金属には種類がたくさんあります。しかし、私たちがふだん目にする金属はそんなに多いわけではありません。誰でも知っている金属は鉄、アルミニウム、銅などでしょう。しかし、それでは私たちが日常生活で使っている金属はこのようなものだけかというと、それはとんでもない間違いです。

　白熱電球をつければタングステン（W）の世話になります。テレビをつければイットリウム（Y）の世話になります。携帯電話を使えばインジウム（In）の世話になります。私たちの生活は、あらゆる局面で金属のお世話になっているのです。

　金属のうち、社会生活や産業構造を土台から支える金属を「**コモンメタル（汎用金属）**」といいます。コモンメタルに属するのは、鉄（Fe）、銅（Cu）、アルミニウム（Al）、鉛（Pb）、水銀（Hg）、スズ（Sn）、亜鉛（Zn）など、昔から人類が使い続けてきた金属ばかりです。

　コモンメタルに対して、有用な金属であるけれども量が少ないものを「**レアメタル（希少金属）**」といいます。しかし、レアメタルの定義には注意すべき点があります。それは、レアメタルは埋蔵量が少ない、要するにクラーク数が小さい金属、というわけではないということです。レアメタルは、①産出量が少ない、②産出国が限られている、③精錬が難しくて単離が困難、という3つの条件のうち、いずれかを満たすものなのです。

　レアメタルに似た言葉に「**レアアースメタル**」というものがあります。日本語にすると「**希土類**」です。希土類は先に説明した3族元素のうち、アクチノイドを除いたものです。希土類もレアメタ

ルの一種です。レアメタルは電子工業を中心とした現代産業に欠かせないものであり、その量が少ないことから、世界規模の争奪戦が起こりそうな気配になっている金属です。

コモンメタル、レアメタルと認定されているものを、周期表で示しました。

正確にはレアメタルには含まれませんが、貴金属もレアメタルに入れてよいものかもしれません。そもそも、豊富にある金属ならば貴金属になるはずもないことですから。化学的に貴金属というと、金、銀、白金、銅、水銀、パラジウムなどを指しますが、一般には金、銀、白金のことをいいます。いずれも美しい金属光沢をもち、反応しにくい(変化しない)金属です。

コモンメタル・レアアースメタル・レアメタル

【表】周期表に見るコモンメタル・レアアースメタル・レアメタル

族\周期	1	2	3	4	5	6	7	8	9	10	11	12	13	14	15	16	17	18
1	H																	He
2	Li	Be											B	C	N	O	F	Ne
3	Na	Mg											Al	Si	P	S	Cl	Ar
4	K	Ca	Sc	Ti	V	Cr	Mn	Fe	Co	Ni	Cu	Zn	Ga	Ge	As	Se	Br	Kr
5	Rb	Sr	Y	Zr	Nb	Mo	Tc	Ru	Rh	Pd	Ag	Cd	In	Sn	Sb	Te	I	Xe
6	Cs	Ba	ランタノイド	Hf	Ta	W	Re	Os	Ir	Pt	Au	Hg	Tl	Pb	Bi	Po	At	Rn
7	Fr	Ra	アクチノイド	Rf	Db	Sg	Bh	Hs	Mt									
価電子数	1	2											3	4	5	6	7	0

ランタノイド	La	Ce	Pr	Nd	Pm	Sm	Eu	Gd	Tb	Dy	Ho	Er	Tm	Yb	Lu
アクチノイド	Ac	Th	Pa	U	Np	Pu	Am	Cm	Bk	Cf	Es	Fm	Md	No	Lr

■ コモンメタル　■ レアアースメタル　■ レアメタル

5-4　合金の種類と性質

　私たちの周りには多くの金属があります。包丁は鉄（Fe）からできていますし、ネックレスには金（Au）や白金（Pt）が多く使われますし、導線の中の赤い金属は銅（Cu）です。しかし、床の間に飾ってある黒っぽい金属の像は**ブロンズ**です。ドアのノブは金色の**真鍮**ですし、スプーンやフォークは**ステンレス**です。
しんちゅう

　ブロンズや真鍮やステンレスは「**合金**」です。合金というのは何
ごうきん
種類かの金属を混ぜ合わせた金属です。ブロンズ（青銅）は銅とスズ（Sn）の合金ですし、真鍮（黄銅）は銅と亜鉛（Zn）の合金です。ステンレスは鉄とニッケル（Ni）やクロム（Cr）の合金です。私たちの身の周りにある多くの金属は、実は合金であることが多いのです。

　金製品があったら、表示を見てください。○○Kと書いてあるのではないでしょうか？　もし、その○○が24でなかったら、その製品は純金ではなく合金です。金では純金を24Kと定め、金の純度を数字で表します。もし金の含有度が半分なら、12Kとなるわけです。しかし、金にほかの金属を混ぜるのは、品質を落として値段を安くするためだけではありません。むしろ品質を高める目的もあるのです。金はやわらかい金属です。ですから、指輪を純金でつくったらすぐに傷がつき、輝きを失います。そのため、銀やニッケルなどを混ぜて、硬度を上げているのです。

　真鍮はそれほど高価な金属ではありませんが、その色と輝きは金と同様ですし、ブロンズは赤い銅より落ち着いた色あいをしています。ステンレスがあるおかげで食卓がどれほど美しくなり、清潔になったかはいうまでもありません。

合金では何種類かの金属が混じった状態で結晶ができます。この場合、結晶を構成する原子の相対的な位置関係は2種類あります。1つは、結晶格子を複数種類の金属原子で構成するものです。これは合金を構成する金属原子の大きさが互いに似ている場合に起こります。これを「**置換型**」といいます。もう1つは、1種類の金属原子がつくる結晶格子の空いている部分にもう1種類の原子が入り込むものです。これを「**侵入型**」といい、原子の大きさが異なる場合に起こります。

身近にある合金

【表】おもな合金の成分

合金	成分
青銅(ブロンズ)	銅ースズ
真鍮	銅ー亜鉛
ステンレス	鉄ーニッケルークロムなど
洋銀	銅ーニッケルー亜鉛
砲金	銅ー亜鉛ースズ
ホワイトゴールド	金ー銀ーニッケルなど

Power UP!

硬度が増したりさびにくくなったりするビ

青銅の鐘　　真鍮のドアノブ　　砲金の鍋　　ステンレスの食器

合金の構造

置換型合金
結晶格子を複数種類の金属原子で構成する

侵入型合金
結晶格子の空いている部分に別の原子が入り込む

5-5 機能性金属 Ⅰ

　金属の中で特殊な性質と機能をもつものを「**機能性金属**」といいます。ここで、それらのうちのいくつかを見てみましょう。

形状記憶合金

　円形になっていたふつうの針金を"くの字型"に曲げれば、そのままの形で固定します。ところが、ある種の合金でできた針金では、くの字型に曲げても温度を上げるともとの円形に戻ってしまうのです。これは金属がもとの形を覚えていたからだ、ということで、このような合金を「**形状記憶合金**」といいます。金属としてはニッケル (Ni)―チタン (Ti) の合金 (ニチノール) や、鉄―マンガン―ケイ素の合金 (鉄系形状記憶合金) がよく用いられます。

　身近な使い道はブラジャーです。ブラジャーには型崩れしないように針金を入れますが、洗濯などで変形します。変形しないように硬い針金を入れると、肌ざわりが悪くなります。しかし、形状記憶合金の針金では、低温ではグニャグニャとやわらかく曲がりますが、肌に装着して温度が体温に上がると記憶を取り戻し、形のよいブラジャーになるわけです。

　これは金属の結晶に関係した現象です。通常の金属は「**オーステナイト相**」という状態にあります。この金属をある温度以下に冷やすと「**マルテンサイト相**」に変化します。マルテンサイト相では金属の結合が柔軟になり、変形しやすくなっています。そのためやわらかくて変形しやすいのです。しかし、変形したマルテンサイト相を加熱してもとのオーステナイト相に戻すと、結合は強固になり、変形前の結合に戻ります。そのため、針金の形ももとに戻るのです。休日にだらしなく寝そべってテレビを見ていたお

父さん(マルテンサイト相)が、お客様が見えたとたんに着替えてキチンとする(オーステナイト相)ようなものです。

超弾性合金

「超弾性合金」はメガネのツルなどに利用されるものです。変形しても、力を取り除くとただちにもとの形に戻ります。鋼やバネのような性質ですが、それがもっと強調されたものです。

超弾性合金は形状記憶合金の一種です。マルテンサイト相に変化する温度を低く設定し、常温でオーステナイト相とマルテンサイト相の間の相変化ができるようにしたものです。大きな変形を加えられても、その力がなくなれば完全にもとの形に復帰できます。金属としては形状記憶合金と同じものです。

合金の形状記憶と超弾性

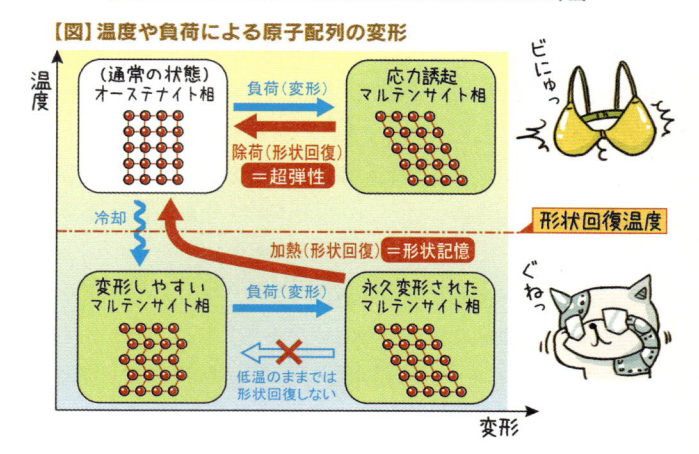

【図】温度や負荷による原子配列の変形

- (通常の状態) オーステナイト相
- 負荷(変形) →
- ← 除荷(形状回復) = 超弾性
- 応力誘起マルテンサイト相
- 冷却
- 加熱(形状回復) = 形状記憶
- 形状回復温度
- 変形しやすいマルテンサイト相
- 負荷(変形) →
- 低温のままでは形状回復しない ✗
- 永久変形されたマルテンサイト相

縦軸:温度　横軸:変形

5-6 機能性金属 Ⅱ

機能性金属にはいろいろな種類があります。もう少し例を挙げてみましょう。

超塑性合金

「**超塑性合金**」は引っ張るとまるでゴムのように伸びる金属です。ただし、ゴムと違って引っ張る力を取り除いても、もとには戻りません。すなわち、伸びるだけで、伸び縮みはしません。

金―銅―ジルコンの合金では、480℃で伸びが2000％（！）になりますし、スズ―鉛のハンダ合金では20℃でも700％に達します。

ふつうの金属でも引っ張れば多少は延びますが、それは金属を構成する微小結晶が変形した結果によるものです。それに対して超塑性合金では結晶の形は変わらず、その位置関係が変化します。

水素吸蔵金属

水素ガスを吸収する金属を「**水素吸蔵金属**」といいます。金属が気体を吸収するというと不思議に聞こえるかもしれませんが、それほど不思議なことでもありません。金属結晶は、リンゴ箱に整然と詰められたリンゴにたとえることができます。リンゴでいっぱいになったこの箱の中に、さらにリンゴを入れることはできません。しかし、豆なら入れることができます。

豆はリンゴのすき間を埋めるようにしてリンゴ箱の中に入っていきます。水素吸蔵金属の原理も似たようなものです。水素吸蔵能力の大きいマグネシウムは重さにして7.6％の水素（体積では1,500倍！）を吸収しますし、チタンも4.0％の水素を吸収します。水素吸蔵合金は、水素燃料電池の水素運搬装置への利用などが考えられています。

制振合金

「制振合金」はゴムなどのように、その上に載せた物体の振動を吸収し、ほかに伝えないようにするものです。制振合金の特徴は金属であるだけに強度が強く、重い物体を設置することができることです。制振合金が振動を吸収する機構はいくつかありますが、その1つは結晶の境界がずれることによってエネルギーを吸収するものです。金属としてはニッケル―チタン合金やマンガン―銅合金などが用いられます。

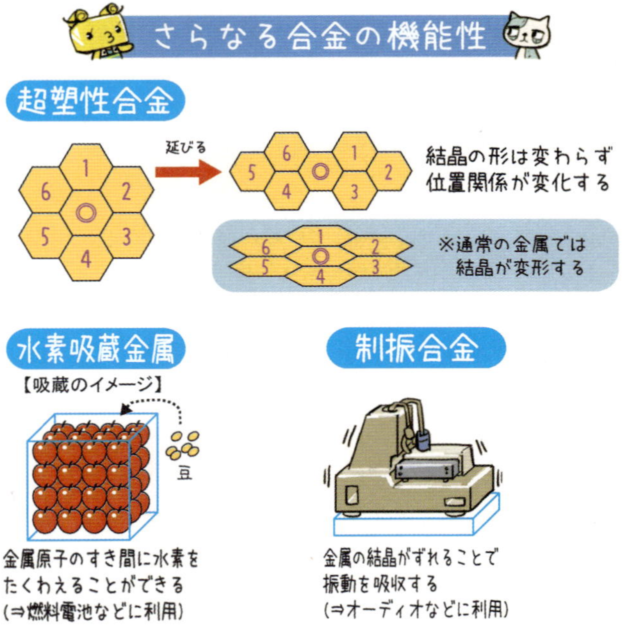

さらなる合金の機能性

超塑性合金

延びる

結晶の形は変わらず位置関係が変化する

※通常の金属では結晶が変形する

水素吸蔵金属

【吸蔵のイメージ】

金属原子のすき間に水素をたくわえることができる
(⇒燃料電池などに利用)

制振合金

金属の結晶がずれることで振動を吸収する
(⇒オーディオなどに利用)

5-7　放射能と放射線

　放射能をもっている元素を「**放射性元素**」といいます。放射性元素はラドン（Rn）、アスタチン（At）を除けば、ほとんどが金属元素ですので、放射能は金属元素の特質の1つといえます。

　放射能の話をするためには、用語の定義を見直しておく必要があります。原子核の中には小さな粒子やエネルギーを放出するものがあります。この放出された粒子やエネルギーを「**放射線**」といいます。このような粒子を放出する元素を放射性元素といい、そして、放射線を放出できる能力を「**放射能**」といいます。したがって放射性元素は、放射能をもっていることになります。

　この関係は、野球の投手にたとえることができます。ピッチャーが放射性元素です。放射線はボールです。そして放射能はピッチャーになることのできる能力です。あたると痛いのはボールであり、ピッチャーでも、ましてその能力でもありません。

　生体に害を与えるのは放射線です。放射線にはよく知られたものに4種類あります。**α線**、**β線**、**γ線**、**中性子線**です。α線は高速のヘリウム原子核です。β線は電子であり、γ線はX線と同様に高エネルギーの電磁波です。γ線を除けば、放射線の本体は原子をつくる粒子であり、それぞれ原子番号と質量数をもっています。

　原子核が変化することを「**原子核反応**」といいます。先に見た核融合や核分裂は原子核反応の一種です。放射線を放出する原子核反応を「**崩壊**」といいます。α線をだす崩壊はα崩壊で、β線をだすものはβ崩壊です。崩壊では質量保存の法則が成り立ちますので、図2に示したように原子核反応を表す反応式の右辺と左辺で

は原子番号、質量数がそれぞれ等しくなります。

　放射線は大きなエネルギーをもっているため、生体と命に深刻な打撃を与えます。原子爆弾が一時的な破壊にとどまらず、地域に深刻な後遺症を残すのも放射線のせいですし、原子炉からでる放射性廃棄物の廃棄先が問題になるのも、放射線のせいです。

　放射性物質がだす放射線の量は、時間がたてば少なくなります。放射線の量が半分になるために要する時間を「**半減期**(はんげんき)」といいます。半減期は決して短くありません。数年、数十年、いや数万年かかることもめずらしくないのです。1986年に事故を起こしてコンクリートで固められた、旧ソビエトのチェルノブイリ原子力発電所はいまだに放射線をだし続けており、危険なため人間は近寄れません。

金属元素の放射性

【図1】放射性元素のイメージ

放射能＝ピッチャー能力
放射線＝ボール

【表】放射線の種類

放射線	実体
α線	^4_2He原子核
β線	電子
γ線	電磁波
中性子線	中性子

【図2】原子核反応における質量数(A)と原子番号(Z)の変化

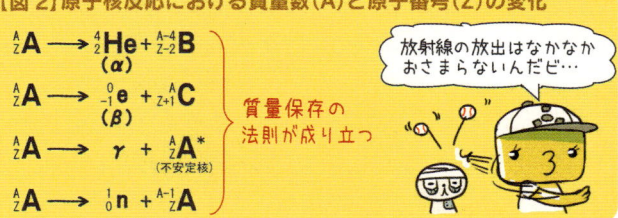

$$^A_Z A \longrightarrow {}^4_2\text{He} + {}^{A-4}_{Z-2}B \quad (\alpha)$$

$$^A_Z A \longrightarrow {}^{\ 0}_{-1}e + {}^{A}_{Z+1}C \quad (\beta)$$

$$^A_Z A \longrightarrow \gamma + {}^A_Z A^* \quad \text{(不安定核)}$$

$$^A_Z A \longrightarrow {}^1_0 n + {}^{A-1}_{Z}A$$

質量保存の法則が成り立つ

放射線の放出はなかなかおさまらないんだび…

5-8 放射性金属と超ウラン元素

放射性元素の多くは金属であり、原子炉に関係するウラン (U) やプルトニウム (Pu) がよく知られていますが、それだけではありません。放射性元素は、天然に存在する「**自然放射性元素**」と、人工的に原子炉でつくった「**人工放射性元素**」とに分けることができます。

自然放射性元素には ^{14}C のような非金属もあります。ふつうの炭素原子核は6個の陽子と6個の中性子からなる ^{12}C ですが、中性子数が7個の ^{13}C、8個の ^{14}C がごく少量だけ混じっています。^{12}C、^{13}C、^{14}C それぞれを互いに同位体といいますが、そのうち ^{14}C だけは放射能をもっていますので、特に「**放射性同位体**」といいます。

しかし、ほとんどすべての自然放射性元素は金属元素です。このようなものとしてはカリウム (K)、ルビジウム (Rb) の放射性同位体である ^{40}K、^{87}Rb のほか、原子番号84のポロニウム (Po) から92のウランまでの元素があります。

これらの放射性元素は不安定であり、α 線、β 線、γ 線などの放射線を放出して、徐々に小さくなっていきます。ネプツニウム (^{237}Np) は α 線をだしてプロトアクチニウム (^{233}Pa) になり、さらにまた α 線をだしてトリウム (^{229}Th) になり、というぐあいに連鎖的に次々に変化し、最終的に安定なビスマス (^{209}Bi) に変化します。このような一連の変化によってつながる元素のグループを「**系列**」といいます。ここで見たネプツニウム (Np) からビスマス (Bi) に至る系列は「**ネプツニウム系列**」といわれます。

系列にはいくつかの種類があり、「**トリウム系列** (^{232}Th から ^{208}Pb に至る)」、「**ウラン・ラジウム系列** (^{238}U から ^{206}Pb に至る)」、

「**アクチニウム系列**（^{235}U から ^{207}Pb に至る）」などがあります。

　人工放射性元素は、原子炉などで人工的につくられた放射性元素です。原子番号は小さいですが、43番のテクネチウム（Tc）は天然に存在せず、人工的につくられた金属です。

　また、ウランより大きい元素すなわち93番のネプツニウム（Np）およびそれより大きい元素は天然には存在しない元素であり、「**超ウラン元素**」と呼ばれます。超ウラン元素はすべて金属であり、放射能をもった放射性元素です。

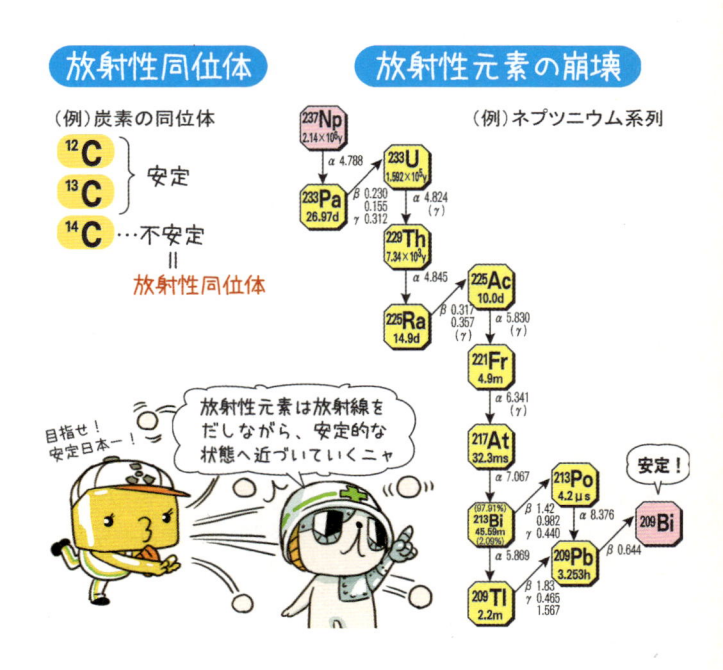

5-9 原子炉の燃料としての金属

　原子核が融合するときには、膨大な核融合エネルギーが放出されます。そして、大きな原子核が分裂するときにも、同じように膨大なエネルギーが放出されます。このエネルギーを「**核分裂エネルギー**」といいます。核分裂を爆弾に利用したのが原子爆弾であり、平和的に発電に使ったのが原子炉ですが、原理的には同じものです。

　原子爆弾の爆薬や原子炉の燃料に使われるのも金属であり、ウラン (U) です。天然に産するウランにはおもに ^{235}U と ^{238}U の2種類の同位体が、それぞれ0.7%、99.3%の比で混ざっています。残念ながらこのうち、核分裂に利用できるのは ^{235}U ですので、ウランを利用するためには天然ウランを濃縮して ^{235}U の濃度を上げなければなりません。

　同位体の化学的性質はまったく同じですので、この2種類を分離するのに化学的分離法は役に立ちません。6フッ化ウラン (UF_6) の気体にして、遠心分離や拡散など、質量の違いによって分離します。

　本書は金属の本であり、原子力関係の本ではありませんのでくわしいことは述べませんが、原子炉で ^{235}U を核分裂させますと、エネルギーとともに核分裂生成物が生成します。その中にプルトニウム (^{239}Pu) が混じっています。プルトニウムは非常に有毒な金属ですが、ウランと同様に原子炉の燃料として使うことができます。そのため、放射性元素をたくさん含んで危険な核分裂生成物を抽出分離して、プルトニウムを取りだしています。

　プルトニウムはたんに原子炉の燃料になるだけでなく、高速増

殖炉という特殊な原子炉で^{238}Uといっしょに燃料として用いますと、^{238}Uを^{239}Puに変えるのです。つまり、^{239}Puは燃えて（分裂して）エネルギーとなりますが、そのあとに燃料として最初の量以上の新たな^{239}Puをつくって残していってくれるのです。これが増殖炉といわれる理由です。つまり、燃えて燃料を増やすという魔法の炉なのです。

しかし、この炉は原理的には可能なのですが、技術的に困難であり、実験炉で先に大きな事故を起こしたことは記憶に新しいところです。そのため、現在はプルトニウムをふつうの原子炉でただの燃料として使用しています。これが「プルサーマル計画」です。

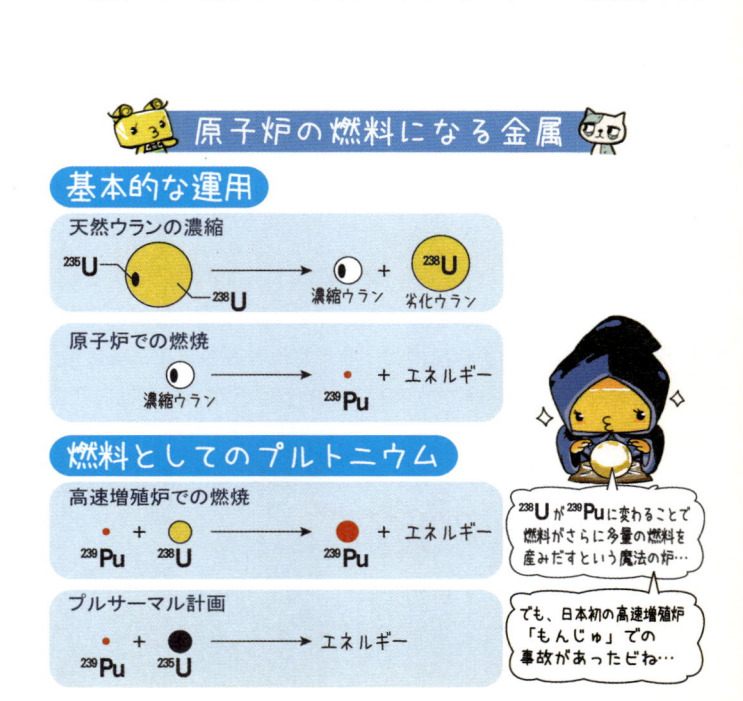

原子炉の燃料になる金属

基本的な運用

天然ウランの濃縮

^{235}U ● ─── ^{238}U ──→ ◐ 濃縮ウラン ＋ ●^{238}U 劣化ウラン

原子炉での燃焼

◐ 濃縮ウラン ──→ ● ^{239}Pu ＋ エネルギー

燃料としてのプルトニウム

高速増殖炉での燃焼

● ^{239}Pu ＋ ● ^{238}U ──→ ● ^{239}Pu ＋ エネルギー

プルサーマル計画

● ^{239}Pu ＋ ● ^{235}U ──→ エネルギー

> ^{238}Uが^{239}Puに変わることで燃料がさらに多量の燃料を産みだすという魔法の炉…

> でも、日本初の高速増殖炉「もんじゅ」での事故があったよね…

COLUMN

灰汁はなぜ塩基性?

　私たちの身の周りには、酢やレモン、ウメボシなど酸性の物質が多くあります。しかし、塩基性の物質はあまりありません。その中で、塩基性物質として教科書などの例に使われるものに石鹸と灰汁があります。灰汁は植物の燃えカス(灰)を水に溶かしたものです。灰汁はなぜ塩基性なのでしょう?

　植物体の大部分はセルロースやデンプンなどの有機物です。有機物はおもに炭素(C)、水素(H)、酸素(O)からできています。これらの元素は燃えると二酸化炭素(CO_2)とH_2Oになり、空中に揮発してしまい、あとに残りません。

　しかし、植物体には有機物のほかに各種のミネラルと呼ばれる無機物があり、その中にはカリウム、ナトリウム、カルシウムなどの金属類があります。これらが燃えたもの、すなわち金属酸化物が灰あるいは灰汁の成分なのです。

　4章のコラムで見たように、金属の酸化物は塩基性です。そのため灰汁は塩基性なのです。灰汁はワラビなどの山菜のアク抜きに使われます。アク抜きは植物に含まれる有害物質を塩基性条件下で加水分解する操作です。家庭の主婦は立派な化学者なのです。

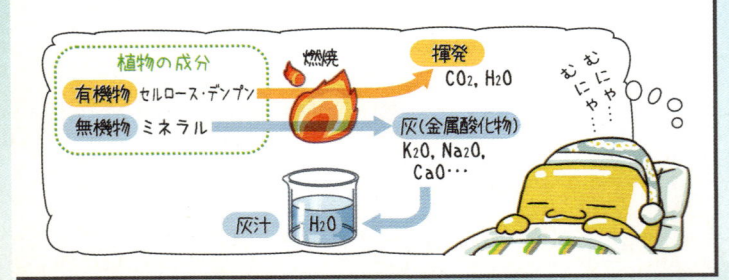

第Ⅱ部

金属各論

6章

鉄の性質と利用

鉄は私たちの文明を支える土台です。鉄は鉄鉱石を炭素で還元してつくります。炭素の含有量で性質が異なり、焼き入れ、焼きなましで性質を変化させます。また、合金にすることでステンレスのようにすぐれた性質を獲得します。また、日本刀は鉄の芸術品といわれます。

6-1 黒い金属

　人類の歴史は、狩猟採集時代から農耕時代に移り、石器時代から土器時代に移行します。その後、人類は金属の使用を覚え、銅（Cu）とスズ（Sn）の合金である青銅を用いた青銅器時代から現代の鉄器時代に到達しました。鉄（Fe）は時代の名前に使われるほど重要な金属なのです。

　昔の人は金属をその色で呼んでいました。黄色に輝く金は黄金(こがね)であり、白く輝く銀は白金(しろがね)です。赤い銅は赤金(あかがね)であり、鉛は青く見えるため青金(あおがね)と呼ばれました。鉄は新しい面は金属特有の光沢をともなった白色ですが、空気中では酸化されて黒さび（Fe(OH)$_2$）におおわれて黒く見えるため、黒金(くろがね)と呼ばれました。

　自然銅としてほぼ純粋な金属として産出することのある銅などに比べ、酸素と結びつく力の強い鉄は純粋な形で産出することはなく、酸素と化合した酸化鉄や、イオウと化合した硫化鉄などの鉄鉱石として産出します。鉄鉱石から鉄を金属として取りだすためには、複雑で困難な精錬作業を必要とします。さらに融点の高い鉄（1,535℃）は銅（1,083℃）やスズ（232℃）に比べて細工がしにくく、扱いにくい金属でした。

　しかし、そのような苦労をして手に入れた鉄の性質のすばらしさは、苦労を償(つぐな)ってあまりあるものでした。硬い鉄でつくった鋤(すき)や鍬(くわ)は、それまでの青銅製のものに比べ、荒れた農耕地を耕しても曲がりません。刃をつけて磨いた剣は硬く鋭く、青銅の剣を断ち切るほどの鋭利さと強さを示しました。鉄を手にした人類は鉄を友人とし、手を取り合って歴史を築いてきたのです。

　鉄の性質の一部を表にまとめました。比重は7.86でアルミニウ

ム（2.7）に比べれば重いですが、金（19.3）に比べれば軽く、銅（8.92）に近い値です。硬度（モース硬度）は4.5でアルミニウム（3）や銅（3）に比べれば硬いのですが、タングステン（7）やチタン（7）に比べればやわらかいです。加熱するとやわらかくなり、槌でたたいて鍛造することにより、簡単な製品を製造することができます。電気抵抗は9.8（$\times 10^{-6}\,\Omega\cdot$cm）と銅（1.72）、アルミニウム（2.65）、亜鉛（5.9）に比べて高いのですが、白金（10.6）やスズ（11.0）に比べると低くなっています。

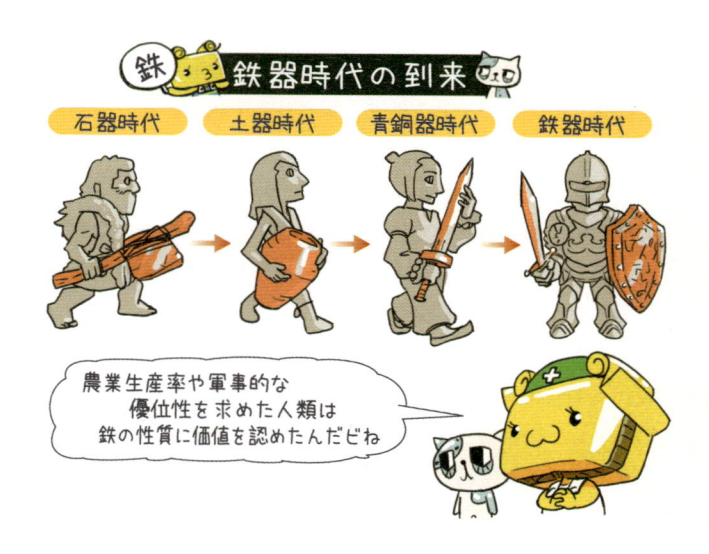

鉄器時代の到来

石器時代 → 土器時代 → 青銅器時代 → 鉄器時代

農業生産率や軍事的な優位性を求めた人類は鉄の性質に価値を認めたんだネ

【表】鉄（Fe）の性質

融点	沸点	硬度	比重	抵抗*	比熱**
1,535℃	2,730℃	4.5	7.86	9.8×10^{-6}	0.11

単位　*Ω・cm　**cal/deg

6-2　鉄は現代文明の土台

　私たちの文明は、鉄の上に成り立っているといっても過言ではありません。鉄は現代文明の土台です。鉄はありとあらゆるところに使われています。一見したところ、鉄とは関係のないようなところにも、鉄は使われています。

　鉄筋コンクリートに鉄が入っているのは、その字の通りです。これはコンクリートだけでは弱くて、頑強な建造物を建てることができないからです。コンクリートは圧縮する力には強いのですが、引っ張る力には弱いため、引っ張る力に対して強い鉄筋を入れて補強しているのです。鉄筋コンクリートは、建造物はもちろん、道路、ダム、トンネルなど、社会の骨格をつくっているといっても過言ではありません。

　列車や自動車はもちろん、船でも航空機でも大切な構造材は鉄でつくられています。列車の走るレールは鉄そのものです。重機械の構造部分にも鉄が使われています。鉄は重いことを除けば、構造材として最も信頼の置けるものなのです。

　現代文明は電気なしには成り立ちませんが、発電機は鉄でできていますし、発電所とユーザーの間には何カ所もの変電所が介入します。ここの変圧器は鉄がなければ作動しません。列車やエレベーター、クレーンなどのモーターも同様です。

　日常生活の小道具にも鉄は活躍しています。包丁もハサミも鉄ですし、フライパンや中華なべも鉄が大部分です。美しく輝くナイフやフォークは、もちろん鉄が大部分です。意外かもしれませんが、陶磁器の模様にも鉄が活躍しています。陶磁器の表面を飾る鉄の釉薬(うわぐすり)は窯で焼くときの条件により、黄、緑、赤、黒と色と

りどりに変化します。インクの青も鉄イオンの色です。

　美しい音楽を奏でるピアノのピアノ線も鉄です。マグロを食べることができるのも、鉄の釣り針があるからです。

　現代は電車に乗るにもATMで貯金をおろすにも、カードがなければなにもできません。カードは磁気でデータを記録しますが、その磁気は鉄粉がになうものです。

　このように、私たちは鉄の世話にならなければ1日たりとも過ごせないまでになっているのです。

6-3　眠りを知らない溶鉱炉

　鉄鉱石から鉄を取りだす操作を「製鉄」といい、不純な鉄から純度の高い鉄を取りだす操作を「精錬」といいます。

　現在の製鉄法は、鉄鉱石から高炉で純度の低い「銑鉄（溶けた状態では熔銑といいます）」を取りだし、これを転炉で精錬して高純度の鉄とします。それぞれの操作を簡単に見てみましょう。

高炉

　鉄鉱石の主成分は酸化鉄（Fe_2O_3）です。これから酸素を除くのが「高炉」の役割です。酸素を奪うのには炭素を用います。高炉の上からコークス（石炭を蒸し焼きにしたもので炭素（C）です）、鉄鉱石と石灰石を混ぜたものを層状に積み上げます。

　炉の下部から高温の空気を送るとコークスが燃え、一酸化炭素（CO）が発生します。COは鉄鉱石中の酸素と反応し、Fe_2O_3をFeにし、自身は二酸化炭素（CO_2）になります。ここではCOが還元剤としてはたらき、Fe_2O_3を還元しています。

　CO_2はコークスと反応し、またCOに戻り、Fe_2O_3と反応します。気体は炉の下部から上部にかけてこの反応を繰り返して、最後にCO_2となって炉の上部から発散します。

　還元されたFeは、溶けて液体（熔銑）となって炉の下部からしたたり落ちます。このとき、鉄鉱石といっしょに入れた石灰石は鉄鉱石中の不純物を溶かしてスラグとなり、熔銑といっしょに落ちてきますが、比重が小さいので熔銑の上に浮きます。したがって分離は簡単です。

　熔銑はコークス（炭素）といっしょに焼かれて溶けたものですから、限度いっぱい（約4％）の炭素を含んでいます。

転炉

熔銑から炭素を除くのが「**転炉**」の役割です。転炉に熔銑と石灰石を入れ、高温の酸素を吹きつけます。すると熔銑中の炭素が燃えて炉の温度が自発的に上がります。そのため転炉に燃料は必要ありません。この操作で熔銑から炭素が除かれ、また熔銑中に残っていた不純物はまた石灰石に溶けてスラグとなり、上にたまります。

これで鉄の一応のできあがりです。さらに不純物を除くには、二次精錬を行うことになります。

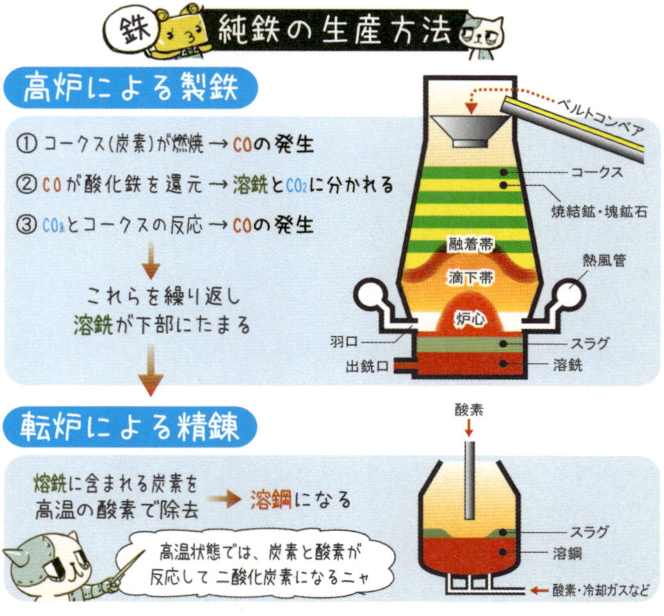
鉄
純鉄の生産方法
高炉による製鉄
① コークス(炭素)が燃焼 → COの発生
② COが酸化鉄を還元 → 溶銑とCO_2に分かれる
③ CO_2とコークスの反応 → COの発生
これらを繰り返し
溶銑が下部にたまる
ベルトコンベア
コークス
焼結鉱・塊鉱石
融着帯
滴下帯
熱風管
炉心
羽口
スラグ
出銑口
溶銑
転炉による精錬
熔銑に含まれる炭素を
高温の酸素で除去
溶鋼になる
酸素
スラグ
溶鋼
酸素・冷却ガスなど
高温状態では、炭素と酸素が
反応して二酸化炭素になるニャ

6-4 炭素が決める軟鉄と鋼鉄

　鉄は私たちの文明を根底から支える金属です。それは言い換えれば鉄が私たちの文明を形づくったということです。このような鉄の性質を、人類はあますところなく明らかにしました。それに応じて、鉄はさまざまな表情を見せてくれました。

　鉄にはいろいろな種類がありますが、「純鉄(じゅんてつ)」のほかに、「銑鉄(せんてつ)」「鋳鉄(ちゅうてつ)」「鋼鉄(こうてつ)」「フェロアロイ（鉄合金(てつごうきん)）」などがあります。

銑鉄

　原理的には高炉で生産された鉄で、炭素をたくさん含んでいます。したがって、炭素含有量が2.0～4.5%のものが銑鉄ということになります。炭素含有量が2%以下のものを鋼(はがね)といいます。

　銑鉄の純度は高くないのでマンガン（Mn）、ケイ素（Si）、リン（P）、イオウ（S）などを含みます。銑鉄の多くはさらに精錬されて鋼になります。

　銑鉄は硬いですが、もろくて壊れやすいため、たたいて造型する鍛造には向きませんが、溶かして型に入れて造型する鋳造(ちゅうぞう)には向いています。そのため鋳物に多く使用されます。

鋳鉄

　銑鉄という用語は製鉄の段階で用いることが多く、製品となった鉄は「鋳鉄」と呼ばれます。炭素含有量2.0～4.5%のものを鋳鉄といいます。炭素が黒鉛となって析出(せきしゅつ)し、ねずみ色に見える（チュウ＝ネズミ？）ことがあります。鋳物には向いていますが、もろくて欠けやすいのが欠点です。

鋼鉄

　鋼鉄は鋼（こう、はがね）ともいいます。炭素含有量は2%以下

となっています。鋼鉄の性質、特に硬度は炭素含有量によって微妙に変化します。これは炭素の含有量によって鉄の結晶形が微妙に変化することが原因であると明らかになっています。

炭素含有量0.13〜0.20%を軟鋼(なんこう)、0.21〜0.35%を半硬鋼(はんこうこう)、0.36〜0.50%を硬鋼(こうこう)、0.51〜0.70%のものを最硬鋼(さいこうこう)と呼ぶことがあります。

特殊鋼

ふつうの鋼と異なる成分組成、性質をもつ鋼を「特殊鋼(とくしゅこう)」といいます。一般に構造用特殊鋼、工具鋼、耐蝕鋼、耐熱鋼、特殊用途鋼などに分類されることが多いようです。

鉄の純度と分類

■炭素含有量による鉄の分類

(%)
- 4.5
- 3.6
- 3.0
- 2.0

鋳鉄
炭素量が多く
硬いがもろい
⇒鋳物などに使用

- 0.70 最硬鋼
- 0.50 硬鋼
- 0.35 半硬鋼
- 0.20 軟鋼
- 0.13
- 0

鋼
鉄の純度が高く
やわらかくて壊れにくい
⇒刃物などに使用

鋼=硬い、という
イメージがあるけれど
鋼の硬さはそのあとの
加工に秘密があるだよ

特殊鋼
鋼に別の成分を加えて、
様々な性質と用途をもたせたもの
(例:クロムを加えて錆びにくくする…など)

6-5 結晶構造を決める「焼き入れ」

　鋼を硬くするには「焼き入れ」を行います。鋼を真っ赤に加熱し、これを水や油に一気に入れて急冷するのです。鋼の硬度は熱によって変化します。どのような変化があるのでしょうか？

焼き入れ

　焼き入れとはどういう現象なのでしょう？　鋼を高温（約900℃以上）に熱すると、「**オーステナイト相**（γ鉄ともいいます）」という状態になります。この相では鉄は立方最密構造（空間占有率74%）を取り、炭素はその格子の中に入り込んでいます（侵入型）。

　温度が下がるとオーステナイト相から「**パーライト**」といわれる状態に変化します。これは「**フェライト**（α鉄ともいいます）」と呼ばれる体心立方構造（空間占有率68%）と「**セメンタイト**」といわれる炭化鉄（Fe_3C）が交互に重なった状態です。

　しかし急冷すると、パーライトではなく「**マルテンサイト相**」になります。この状態は体心立方構造ですので、急冷にともなって鋼の体積は増えることになります。炭素を収納する能力はオーステナイト相のほうが高いので、マルテンサイト相になるときには炭素を結晶格子から放出しなければなりません。しかし冷却速度が速いので、炭素は結晶格子内にたまった状態となり、マルテンサイト相の結晶格子は歪んだ形になります。このため、焼き入れを行うと製品の形が崩れることがあります。

焼き戻し

　マルテンサイト相は非常に硬い組織ですが内部にひずみを残していますので、もろくなります。そのため、ひずみを取り除く必要があります。この操作を「**焼き戻し**」といいます。すなわち、焼

入れした鋼を数百度（400～600℃程度）に加熱したあと、徐々に冷ますのです。この操作によってひずみが解放され、鋼に粘り強さがでてきます。

焼きなまし

マルテンサイト相にある鋼をオーステナイト相にまで加熱し、徐々に冷却するとパーライトになり、焼き入れで獲得した硬度はなくなります。これを「焼きなまし」といいます。

焼きならし

焼き入れ、焼き戻し、焼きなましなどの技法を駆使して、鋼の硬度を思いのままに操ることを「焼きならし」といいます。

なお、α鉄とγ鉄がでてきましたので、β鉄が気になると思います。以前はβ鉄という用語が使われましたが、研究の結果β鉄はα鉄と同じものであることがわかり、現在ではこの用語は使われません。なお、1,536℃以上では溶けて液体になります。

鋼の硬度を操る技術

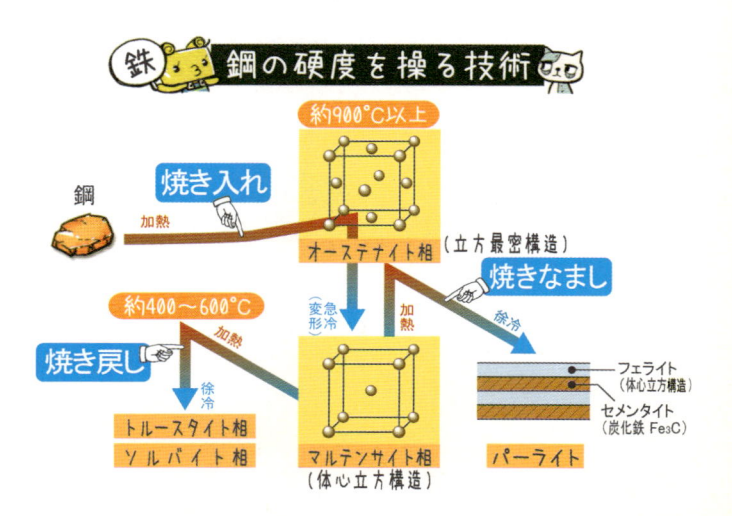

- 鋼 →（加熱）→ オーステナイト相（約900℃以上、立方最密構造）
- 焼き入れ：オーステナイト相 →（変形急冷）→ マルテンサイト相（体心立方構造）
- 焼き戻し：マルテンサイト相 →（約400～600℃に加熱、徐冷）→ トルースタイト相／ソルバイト相
- 焼きなまし：オーステナイト相 →（徐冷）→ パーライト（フェライト（体心立方構造）＋セメンタイト（炭化鉄 Fe_3C））

6-6 ステンレスはなぜ錆びないのか？

鉄はいろいろな元素を溶かして合金をつくります。鋼も炭素との合金と見ることができます。ここで、鉄がつくるいくつかの合金について見てみましょう。

ステンレス

ナイフやフォーク、お鍋などでおなじみの合金です。錆びないため、日本語で「不錆鋼（ふしゅうこう）」といいます。ステンレスの特徴はクロム（Cr）を含んでいることです。このクロムがステンレス製品の表面で酸化物の不動態膜をつくり、内部を保護するため錆びないのです。

ステンレスにはいろいろな種類がありますが、家庭でよく使われるのは18ステンレスで、これはクロムを18%含みます。また、車両などに使われる18-8ステンレスはクロム18%、ニッケル8%を含むものです。また、13%のクロムを含む13ステンレスは焼き入れによって硬度を高くすることができますので、メスなどの刃物に利用されます。

マレージング鋼

ニッケルとコバルト（Co）を合わせて30%ほど含み、炭素含有量の少ない特殊鋼です。強度にすぐれ、粘りがあり、加工するときにひずみが生じない、熱膨張率が小さい、極低温でももろくならないなど、非常にすぐれた特性をもっています。欠点は値段が高いことくらいです。

ゴルフクラブのヘッドや航空機、宇宙開発などに使われますが、さらにミサイルやウラン濃縮用の遠心分離機などにも使われます。そのため、どの国でも輸出を禁じています。

KS鋼

かつて日本が世界に誇った永久磁石鋼です。コバルト（Co）、タングステン（W）、クロム（Cr）、炭素（C）を含む鋼で、それまでの3倍の強さの磁石となりました。KS鋼という名前は、研究費をだした住友吉左衛門氏の名前から取ったものだそうです。

ケイ素鋼

炭素を含まず、代わりにケイ素を約3％含む合金です。変圧器やモーターの鉄心に向いている金属です。性能の割に安価なため、よく使われているようです。

アンバー

ニッケル36％、鉄64％の合金です。熱膨張率が非常に小さく、体積変化しませんので、時計や実験器具に用いられます。

鉄の合金の利用例

ステンレス
- 食器
- 車両

マレージング鋼
- クラブヘッド
- ミサイル
- 航空機

KS鋼
- 永久磁石

ケイ素鋼
- モーター

アンバー
- 腕時計

6-7　「もののけ姫」と和鉄

　アニメの「もののけ姫」は、破壊されようとしている自然と人間の葛藤（かっとう）のお話です。舞台は日本のどこかの製鉄地帯です。

　鉄は地球上のどこにでも産出し、しかも硬く、そのうえ製造法によって硬度を変えることができるという、すぐれた金属です。そのため、どこの国でもやっきになって鉄を手に入れようとしました。しかし、鉄は酸化鉄の形で産出するので、酸素を除くために還元剤としての炭素が必要です。産業革命のころにはコークス（石炭）が出現しましたが、それまでは木炭によって還元していました。そのため、製鉄地帯ではどこも森林伐採が進みました。中国の黄土高原は秦（しん）の始皇帝（しこうてい）による伐採によって、それまでの森林から砂漠に変わったといわれます。

　日本の鋼づくりは、おもに島根県の近辺で発達しました。鋼の原料になる上質の砂鉄が手に入ったこと、再生可能な森林に恵まれていたこと、技術者集団を結成するだけの基礎技術があったことなど、いろいろな要因が重なってのことでしょう。

踏鞴製鉄（たたら）

　日本の製鉄技術は<u>踏鞴製鉄</u>といわれます。踏鞴とは炉に送る風をだす鞴（ふいご）の一種で、足でふんで風を送るものです。踏鞴製鉄では炉に鉄鉱石と木炭を入れて木炭に火をつけ、鞴で風を送って一酸化炭素を発生させ、それで鉄鉱石を還元して銑鉄を得ていました。このようにしてつくった鉄を<u>和鉄</u>（わてつ）あるいは<u>和銑</u>（わずく）といいます。

たたら吹き

　踏鞴製鉄と似た言葉ですが、こちらは鉄鉱石から直接に鋼を取りだす方法であり、高度な技術を要する製鋼法です。炉に木炭と

鉄鉱石を交互に詰め、一酸化炭素で還元する基本原理はどこも同じですが、温度管理に微妙な経験を要し、技術者集団は三日三晩の徹夜を要するそうです。このようにしてつくった鋼を玉鋼(たまはがね)といいます。

　第二次世界大戦後、近代製鋼法の鋼に価格競争で負け、たたら吹きは壊滅しました。しかし、市販の鋼ではよい日本刀をつくることはできないとの刀工の要望により、年に数回だけ操業しています。しかし、製品の供給は日本美術刀剣保存協会が一手に握っており、一般人が手に入れることは不可能です。

　一般人が手に入れることのできるのは、日立金属安来工場で生産するヤスキハガネです。白紙、青紙、銀紙の三種類がありますが、白紙が最も古来の製法に近い方法でつくられたものです。

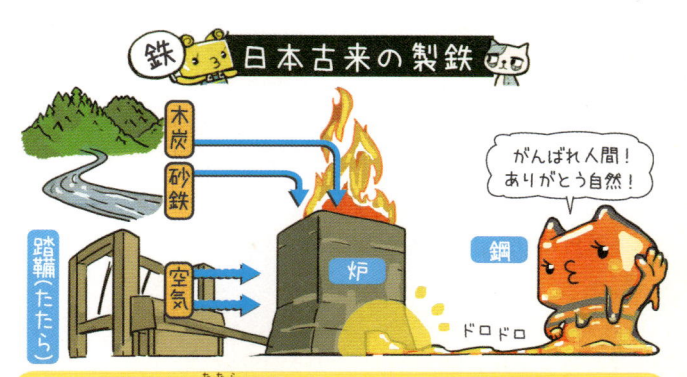

～踏鞴(たたら)製鉄とたたら吹きの違い～
・踏鞴(たたら)製鉄＝銑鉄にしてから炭素を除去して鋼にする　間接製鋼法
・たたら吹き＝銑鉄をつくらずに直接、鋼をつくる　直接製鋼法

6-8　日本刀の秘密

　日本刀は包丁やナイフと同じ刃物ですが、その構造はだいぶ違います。武器としての刀に要求されることは、よく切れて折れないことです。切れ味をよくするためには硬くなければなりませんが、硬いともろくて折れやすくなります。日本刀は重層構造にすることで、このパラドックスを解決したのです。

　すなわち、やわらかくて折れにくい鋼を硬い鋼で包んだのです。刃の部分は硬い鋼になりますから切れ味は鋭いです。しかし、内部にやわらかい鋼が入っているので、全体としては折れにくいというわけです。内部の鋼を**心金**（しんがね）、外側の鋼を**皮金**（かわがね）といいます。

Ⅰ　皮金

　皮金にするのは玉鋼です。

・**水へし**：まず玉鋼を熱したあと、かなづちで5〜6ミリぐらいに薄く打ち延ばし、水をかけます。すると不純物を多く含んだ部分がはがれ落ちます。これを「水へし」といいます。

・**積み沸かし**（つみわかし）：炭素含有量の異なる何種類かの鋼を短冊型（たんざくがた）にし、それを積み重ねて熱し、たたいて鍛えます。薄くなったら折り曲げて再度たたき、薄くなったら今度は先ほどと直角の方向に折り曲げて、再びたたきます。この操作を十数回繰り返します。

Ⅱ　造り込み

　日本刀の形にする工程です。炭素含有量の多い皮金を広げ、その上に炭素含有量の少ない心金を置き、皮金で包みます。これを熱してたたき、日本刀の形に仕上げていきます。

Ⅲ　焼き入れ

　形のできた刀に焼き入れをして硬くします。しかしこのとき、

刀全体に焼きが入ると刀が硬く、もろくなります。そのため、刃の部分だけに焼きが入るようにします。そのための操作が土置きです。焼きを入れたくない部分にと石の粉でできた土を置きます。こうすると、焼きを入れるときに土のついていない部分は急冷されて焼きが入りますが、土をつけた部分は徐々に冷やされますので、焼きは入りません。

　土を置いた刀を炉に入れ、真っ赤に熱したあと、一気に水につけます。ジューッという音とともに湯が弾け、湯気が立ち……刀づくりでおなじみの光景です。このときにマルテンサイト相ができるので、製品の形が変形するのは先に見た通りです。日本刀の反(そ)りはこのときにできるのです。

Ⅳ 仕上げ

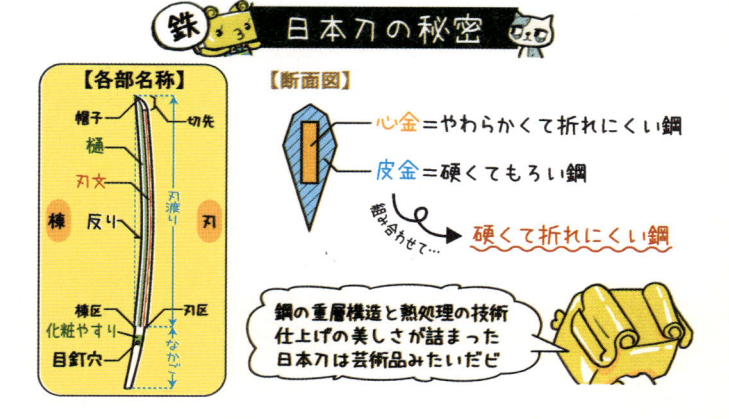

　刀匠(とうしょう)は形を整える程度に刀を研(と)ぎ、あとの工程は専門の研ぎ師にまかせます。日本刀は研がれたあと、いろいろな備品をつけられて完成した日本刀になります。

鉄　日本刀の秘密

【各部名称】
- 帽子
- 切先
- 樋
- 刃文
- 刃渡り
- 棟
- 反り
- 刃
- 棟区
- 化粧やすり
- 目釘穴
- 刃区
- なかご

【断面図】
- 心金＝やわらかくて折れにくい鋼
- 皮金＝硬くてもろい鋼

組み合わせて…
硬くて折れにくい鋼

鋼の重層構造と熱処理の技術
仕上げの美しさが詰まった
日本刀は芸術品みたいだぜ

6-9　ヘモグロビンと葉緑素

　鉄は生物の体の中でも重要なはたらきをしています。私たちは酸素呼吸をして生命を維持していますが、その呼吸を行っているのが鉄です。哺乳類の呼吸を行っているのは赤血球の中に含まれる「**ヘモグロビン**」というタンパク質です。ヘモグロビンは似たような構造のタンパク質が4個ひとかたまりになった「**会合タンパク質**」です。

　1個のタンパク質を見てみますと、複雑に折れ曲がったタンパク質の腕に抱きかかえられるようにして「**ヘム**」という分子が見えます。このヘムが呼吸を行う中心分子です。しかし、ヘムは周りに水があると呼吸作用をすることができません。そのため、タンパク質が周りを囲んで、酸素は近寄れますが、水は近寄れない空間（疎水空間）をつくっているのです。

　ヘムは複雑な分子ですが、大切なのはその中心です。鉄があります。この鉄が呼吸作用をになっているのです。すなわち、ヘモグロビンが肺の細胞に行くと鉄が酸素と結合します。そしてヘモグロビンが血流に乗って身体の細胞に行くとそこで酸素を離すのです。そして空になって肺に戻り、また酸素と結合するのです。このようにして、ヘムは体中の細胞に酸素を届けているのです。

　このようなヘムの周りに一酸化炭素（CO）が来ると、ヘムは一酸化炭素と結合してしまいます。そして、二度と一酸化炭素を離しません。このようになったヘムには、もはや酸素を運搬する能力はありません。そのため、細胞は酸素が来なくなり、窒息して死んでしまいます。これが一酸化炭素中毒です。青酸イオン（CN⁻）も一酸化炭素と同じように作用します。青酸カリ（KCN）が猛毒

なのは、このようにして細胞を窒息死させてしまうからです。このような毒を「呼吸毒」といいます。

イカやタコの血液は黒っぽい色をしています。これは彼らの血液にヘモグロビンでなく、「ヘモシアニン」が含まれているからです。ヘモシアニンには鉄ではなく銅が入っています。つまり、イカやタコは鉄ではなく、銅を使って呼吸しているのです。

植物の葉は緑色です。これは葉緑素が入っているからです。葉緑素の中心分子は「クロロフィル」です。クロロフィルの構造はヘムとソックリです。違いは中心金属です。クロロフィルの中心金属はマグネシウム（Mg）なのです。植物はマグネシウムを使って光合成や呼吸をしているのです。

哺乳類にしろイカにしろ植物にしろ、大切なはたらきをする分子はみな似た構造を取っています。生物はみな兄弟なのでしょう。

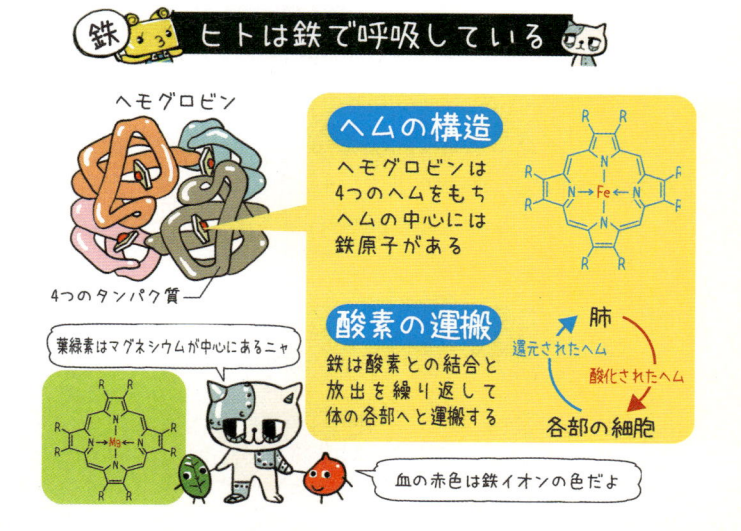

鉄 ヒトは鉄で呼吸している

ヘモグロビン

4つのタンパク質

ヘムの構造
ヘモグロビンは4つのヘムをもちヘムの中心には鉄原子がある

酸素の運搬
鉄は酸素との結合と放出を繰り返して体の各部へと運搬する

肺
還元されたヘム
酸化されたヘム
各部の細胞

葉緑素はマグネシウムが中心にあるニャ

血の赤色は鉄イオンの色だよ

COLUMN

染料と金属

　金属は意外なところでもはたらいています。染色(せんしょく)には金属が重要なはたらきをしている場合があるのです。

　染料は絵の具とは違います。絵の具でハンカチに絵を描いても、洗えば落ちてしまいます。しかし染料で染めた絵は、洗っても落ちません。これは、染料の色素は水に溶けない(不溶性である)ことを意味します。しかし、染料が不溶性では水に溶(と)いて染めることができません。

　ここで活躍するのが金属です。水溶性の染料を繊維の間に染(し)み込ませます。じゅうぶんに染み込んだところで金属イオンを加えます。すると、染料と金属が反応して不溶性の物質に変わります。これを「錯体(さくたい)」といいます。そしてこのような染色法を、媒染法(ばいせんほう)といいます。草木染(くさきぞ)めなどでは、植物の絞り汁で染めたあと、布を明礬(みょうばん)の水溶液に浸(ひた)しますが、これは明礬に含まれるアルミニウムイオン (Al^{3+}) で錯体をつくっているのです。伝統的な染物で泥染(どろぞ)めといわれるものがあります。奄美大島の大島紬(おおしまつむぎ)は車輪梅(しゃりんばい)という植物の煮汁(にじる)(抽出液)で染めたあと、布を田んぼにもって行き、泥の中に沈めます。これは泥の中の鉄イオン (Fe^{3+}) で錯体をつくっているのです。昔の人の知恵ですね。

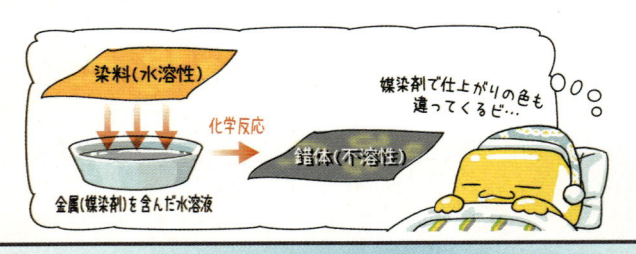

第Ⅱ部

金属各論

7章

銅とアルミニウム

銅はやわらかい金属で大きな電気伝導性をもつため、導線に使われます。銅は赤い金属ですが合金にすると黒くも金色にもなります。アルミニウムは軽い金属ですが、表面を酸化するとそれ以上酸化されにくくなります。アルミニウムの合金は航空機に使われます。

7-1　赤い金属

　銅 (Cu) の最も目につく特徴はその赤く輝く色でしょう。純粋な金属はほとんどすべてが金属光沢をともなった白色です。鉛は「青金(あおがね)」といわれますが、しいていえば青く見えないこともないという程度で、白といってもよいような色です。鉄は鉄色ですが、これは錆びの色です。白くない金属は金と銅だけです。銅は錆びると青くなります。これを「緑青(ろくしょう)」といいます。銅を酸に溶かすと溶液は青色になります。これは銅イオン (Cu^{2+}) の色です。銅はなにやら色彩豊かな金属のようです。

　銅の次の特徴は、やわらかいということではないでしょうか。純粋の銅は非常にやわらかく、簡単に曲げ伸ばしができます。展性・延性に富むばかりでなく、加工しやすく、しかも丈夫です。平らな銅板をハンマーで繰り返し打ち、立体的な形につくり上げる伝統工芸 (鎚起銅器(ついきどうき)など) も存在します。

　高い伝導性も銅の特徴です。電気電導性、熱伝導性はともに銀に次いで全元素中2番目です。このため、電気を通す導線の多くは銅でできています。しかし、大電流を長距離にわたって輸送する高圧線はその重さ (比重) のため、軽いアルミニウムに席を譲っています。

　空気中で1,000℃以上に加熱すると酸化銅 (Ⅱ) CuO を生じて黒くなりますが、それ以上に加熱すると酸化銅 (Ⅰ) Cu_2O になり赤紫色になります。また、湿った空気中に放置すると、緑色の緑青を生じますが、これについては3-2を参照してください。緑青は以前は有毒であると考えられていましたが、現在では緑青は無毒であることが明らかになっています。

7章 銅とアルミニウム

　銅は自然銅として天然にほぼ純粋な形で産出することがあり、また精錬も簡単なことから古くから使われてきました。石器時代に次ぐ青銅器時代（BC4000〜5000年）にはすでに合金として使われていました。したがって、人類にはなじみの深い金属といえるでしょう。

　銅は錆びにくく、美しい色をしていますので、茶筒、湯わかし、火鉢などの家具のほか、建具の飾り釘や長押の飾り金具に用いられます。お寺や神社の青い屋根は銅葺の銅が錆びた色です。銅は純粋な金属としてばかりでなく、青銅や真鍮のような合金としても、私たちの身の周りにたくさんあります。

銅 赤い金属

銅の利用例

茶筒や茶たく — 錆びにくく美しい赤色

銅葺屋根 — 錆びると青色に（緑青）

導線 — 電気伝導性・熱伝導性が高い

青銅のような合金としても古くから使われてたニャ

銅ほこ

青銅の置物

【表】銅（Cu）の性質

融点	沸点	比重	抵抗*	比熱**
1,083℃	2,582℃	8.92	1.724×10^{-6}	0.092

単位　*Ω・cm　**cal/deg

7-2　銅鉱石の精錬

　銅（Cu）は6000年も7000年も前から人類が利用してきた金属です。それは自然界にたくさんあり、しかもむきだし（純粋）の形の金属銅が、まるで人間に「利用してください」とでもいうように転がっていたからといえます。

　それでは、銅は自然界に本当にたくさんあるのかというと、実はそれほどでもありません。銅のクラーク数は7×10^{-3}であり、順位は最も多い酸素から数えて第25位です。これはチタン（10位）、マンガン（12位）などに比べて、決して多いといえる数値ではありません。

　にもかかわらず、銅が私たちの身の周りにあり利用されているのは銅の存在の様式です。つまり、銅は鉱石となって特定の1カ所にまとまって存在し、しかもその存在場所が世界中あちこちにあり、特定の地域や国にかたよっていないことです。そのうえ、鉱石から金属銅を取りだすのには、それほど難しい技術を必要としません。これが、その存在率は多くないにもかかわらず、人類が銅と長いこと付き合ってこられた理由なのです。

　この辺の事情は、現在問題になっているレアメタルとまったく反対です。レアメタルについてはのちにあらためてお話しますが、レアメタルの多くは、レア（めずらしい）といいながらその埋蔵量は決してレアではありません。ただ、特定の国にかたよって存在し、しかも精錬が難しいため、レアメタルといわれるのです。

　銅の鉱石として一般的なものは「黄銅鉱（CuFe$_2$）」です。黄銅鉱は化学的にはイオウと化合した硫化銅です。黄銅鉱から金属銅を取りだすには次のようにします。まず鉱石を粉砕し、黄銅鉱の

多い部分を選択して銅の含有量の多い鉱石を集めます。これを加熱して焼き（焙煎），硫黄分を酸化して除きます。当然ですがこの過程でイオウ (S) はイオウ酸化物 (SOx) となり，なにも対策を講じなければそのまま大気中に飛散して，公害の元凶となります。日本の公害の原点である足尾銅山の問題は，このようにして起こったのです。

次に，この焙煎済みの鉱物を自溶炉に入れ，熱風を吹き込んで溶かし，銅を含んだカワと，不純物を含んだカラミに分離します。カワにはまだ多くの「硫化銅」を含みますので，このカワを転炉に入れて高温の空気を送ります。するとイオウ分が酸化されて除かれ「粗銅」が遊離します。この粗銅を正極（陽極）として電気分解すると，純度の高い銅が得られます。この銅を「電気銅」といいます。

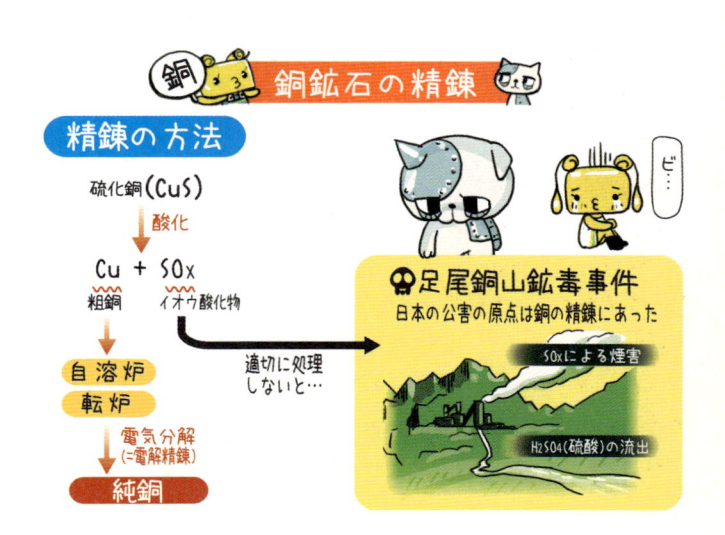

銅鉱石の精錬

精錬の方法

硫化銅 (CuS)
↓ 酸化
Cu + SOx
（粗銅）（イオウ酸化物）
↓
自溶炉
↓
転炉
↓ 電気分解
（＝電解精錬）
純銅

適切に処理しないと…

☠ 足尾銅山鉱毒事件
日本の公害の原点は銅の精錬にあった

SOxによる煙害
H_2SO_4（硫酸）の流出

7-3　青銅・真鍮・砲金

　銅 (Cu) は美しくて加工しやすく、電気伝導性、熱伝導性にすぐれている、と多くの長所をもっています。そのため金属銅そのものとして多く利用されますが、合金としても利用されます。銅の合金は私たちの身の周りにたくさんあります。

● 青銅（せいどう）

　「ブロンズ」ともいわれます。銅とスズの合金で、スズの含有率は3〜20%近くまでといろいろあります。黒褐色の光沢をもった美しい金属ですが、錆びると緑青の青緑になることから、青銅と呼ばれるものと思われます。

　奈良の大仏を始め、飛鳥・奈良時代に始まる金銅仏（こんどうぶつ）はすべて青銅製です。またロダンの作品を始め、現代芸術の銅像もほとんどすべて青銅製ですし、釣鐘（つりがね）や貨幣などにも使われます。

　工業的には、軸受（じくう）けなどの機械部品にも用いられます。

● 真鍮（しんちゅう）

　金色の美しい金属で、「黄銅（おうどう）」または「ブラス」ともいいます。銅と亜鉛の合金で、亜鉛の含有量は多いものでは35%程度に達します。亜鉛含有量が20%以下のものは「丹銅（たんどう）」といわれ、黄金色で美しい光沢をもつので装飾金具に用いられ、金粉、金箔の代用として使われます。

　トランペットやサキソフォンなど、フルートを除くほとんどの金管楽器はこのブラスでできているので、吹奏楽団のことをブラスバンドといいます。硬くて強く展性・延性に富み、加工性にすぐれ、しかも美しいので、日用品や機械部品などに広く利用されています。

7章 銅とアルミニウム

砲金(ほうきん)

真鍮に似た金色の合金です。かつて大砲に用いられたため、このような名前になりました。8～12%のスズのほか、1～9%の亜鉛を含みます。耐食性(たいしょくせい)、耐摩耗性(たいまもうせい)にすぐれているので、軸受けや機械の部品などに用いられます。また、すき焼き鍋など調理器具にも用いられます。

洋銀(ようぎん)

ニッケル6～35%、亜鉛15～35%をさまざまな比率で含む銅合金の名前です。銀白色で美しくやわらかい色調のものが多いので、ナイフやフォーク、スプーンなどの洋食器に用いられるほか、建築用装飾品に用いられます。またニッケルを多く含むものは、バネとして用いられることもあります。

銅の合金の利用例

青銅(ブロンズ) Cu-Sn	真鍮(ブラス) Cu-Zn
奈良の大仏	金管楽器

砲金 Cu-Sn-Zn	洋銀 Cu-Ni-Zn
大砲の砲身	ナイフやフォーク

ビビ！
ビビ！

7-4 三角コーナーに銅を使う理由

銅(Cu)は物理的、工学的に人類に欠かせない金属ですが、化学的、生物学的面から見ても重要な金属です。

生物学的作用

銅は人体の必須元素であり、絶対量は少ないですが、生体の維持に欠かせない重要なはたらきをしています。人体には100〜150mgの銅が存在し、「**ヘモグロビン**」の合成に関与しているといわれています。イカやタコなどでは、呼吸タンパク質として哺乳類のヘモグロビンに代わって「**ヘモシアニン**」が活躍します。ヘモシアニンの中枢元素は銅です。銅が酸化還元反応をして呼吸を行っているのです(6-9参照)。

しかしその一方、銅には毒性もあります。台所の流しの隅に置く三角コーナーに銅を用いると雑菌の繁殖を抑えてヌメヌメ感がなくなるというのは、このような銅の殺菌効果によるものです。また、銅の細い針金を靴下に織り込んで、足の消臭に役立てようとの試みもあります。

ウシなどの反芻動物は銅に過敏であり、多くても少なくても体調不良になります。少ないと貧血になり、多いと肝硬変や黄疸などになります。また、無脊椎動物は銅の過剰供給により代謝異常を起こす閾値が、一般に脊椎動物より低くなっています。

化学的作用

銅はイオン化傾向が小さいため、塩酸(HCl)には溶けません。しかし、硝酸(HNO_3)や熱濃硫酸(H_2SO_4)などの酸化力の強い酸とは反応します。

$$Cu + 4HNO_3 \rightarrow Cu(NO_3)_2 + 2H_2O + 2NO_2$$
$$Cu + 2H_2SO_4 \rightarrow CuSO_4 + 2H_2O + 2SO_2$$

　銅を酸に溶かすと青色の銅（Ⅱ）イオン（Cu^{2+}）となります。この溶液にホルムアルデヒド（シックハウス症候群の原因物質と考えられています）などのアルデヒドを加えると、Cu^{2+} が還元されて銅（Ⅰ）イオン（Cu^+）となり、第一水酸化銅（CuOH）の赤い沈殿物が生じます。この反応は「**フェーリング反応**」と呼ばれ、アルデヒドを検出するための定性反応として利用されます。

　酸性水溶液に銅板と亜鉛板を浸すと、イオン化傾向の大きい亜鉛が亜鉛イオン（Zn^{2+}）となって溶けだします。その結果、電池ができることは3-7で見た通りです。

銅の特別な作用

生物学的作用

銅は人体の必須元素でありながら毒性ももっている。つまり殺菌・消臭に利用できる

殺菌に銅！　三角コーナー

消臭にも銅！　くつした

化学的作用

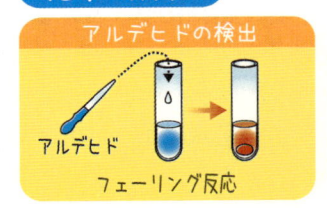

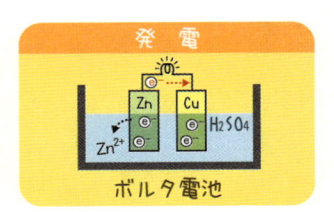

アルデヒドの検出　フェーリング反応

発電　ボルタ電池

7-5 クレオパトラの　　アイシャドウ

　銅（Cu）は純粋な形では赤く美しく、緑青になると緑に美しくなります。また2価のイオン（Cu^{2+}）は美しい青色です。銅は美しい金属であり、宝石の重要な成分にもなります。

孔雀石（マラカイト）

　エジプトの女王クレオパトラは、アイシャドウを塗っていました。アイシャドウとは目の周りに塗る色素で、自分を美しく見せるための化粧としての意味のほか、古代には悪魔を祓うという呪術的な意味もありました。クレオパトラのアイシャドウは宝石を砕いて粉にしたものであり、宝石としては孔雀石という説とラピスラズリという説があります。もしかしたら、日と気分によって使い分けていたのかもしれません。

　ラピスラズリは青金石あるいは瑠璃とも呼ばれ、ガラス光沢をもつ青く美しい鉱石で鉄を含みます。一方、孔雀石はマラカイトとも呼ばれ銅を含みます。孔雀石の銅は炭酸銅（$CuCO_3$）となっており、孔雀石は緑色で層状をなし、ガラス光沢をもった美しい鉱石です。ロシアでは孔雀石を薄い切片にし、壺などに貼りつける独特の技術をもっており、孔雀石の縞模様を生かした芸術的な作品が残されています。

藍銅鉱

　宝石として扱う場合にはアズライトと呼ばれます。藍青色でやや透明であり、ガラスのような光沢をもつ美しい鉱物です。主成分は孔雀石と同じ炭酸銅（$CuCO_3$）であり、孔雀石にともなって産出します。宝石に利用されることは少ないようですが、砕いて顔料に使用されます。またアズライトとマラカイトの混じったもの

はアジュラマラカイトと呼ばれ、装飾用に使われたりします。

🔩 トルコ石（ターコイズ）

水色の美しい宝石、トルコ石の成分にも銅が含まれています。トルコ石の主成分の化学式は$CuAl_6(PO_4)_4(OH)_8 \cdot 5H_2O$であり大変に複雑ですが、確かに銅が入っていることがわかります。

🔩 釉薬・ガラス

銅は陶磁器の釉薬（着色剤）としても使われます。釉薬の場合、酸化的雰囲気で焼かれるか、還元的雰囲気で焼かれるかで発色が異なります。酸化銅(II)を含む釉薬では、酸化焼成では青から緑に、還元焼成では赤に発色します。桃山陶器で有名な緑色の織部焼は、銅の還元焼成によるものです。

また、ガラスに銅を混ぜると赤く発色します。

銅 色の美しい金属

銅を成分に含む宝石

孔雀石（マラカイト）
アイシャドウ
クレオパトラ
孔雀石の壺

トルコ石

着色剤としての使用

うわぐすり
織部焼

ガラスの着色

とってもカラフルできれいだピ！

7-6　ボーキサイトと氷晶石

　アルミニウム（Al）はクラーク数の順位で、酸素・ケイ素に次いで第3位です。金属としては地殻中に最もたくさんある金属です。にもかかわらず、人類がアルミニウムを金属として利用するようになったのは、19世紀も中ごろになってからの話です。なぜこのように長い間利用されずにいたのでしょう？

　それは、アルミニウムは鉱物としてはたくさんあるものの、そこから金属アルミニウムを取りだすことができなかったからです。アルミニウムの鉱物は「ボーキサイト」と呼ばれます。ボーキサイトには酸化アルミニウム（アルミナともいいます）（Al_2O_3）が50%程度含まれていますが、そのほかに酸化鉄（Fe_2O_3）を1〜25%含むため、赤い鉱石です。

　ボーキサイトから金属アルミニウムを取りだすには、アルミナを還元しなければなりませんが、アルミニウムは酸素と結びつく力が強いため、鉄と違って炭素などでは還元されません。アルミナを還元するためには、「電気分解」しなければなりません。そのため、大量の電気の使用が可能になるまでアルミニウムは実用化されなかったのです。

　アルミニウムを取りだすには、まずボーキサイトを水酸化ナトリウム水溶液に溶かして、アルミン酸ナトリウム（$NaAlO_2$）の溶液にします。不純物を沈殿させて取り除いたあと、この溶液を冷却すると、水酸化アルミニウム（$Al(OH)_3$）が沈殿します。この沈殿物を加熱すると、純粋なアルミナが白い粉末として得られます。ここまでの操作を「バイヤー法」といいます。

　アルミナを電気分解するには、アルミナを加熱して溶かして液

体にしなければなりません。しかし、アルミナの融点は2,015℃と非常に高く、このままでは溶かすことができません。そこで用いられるのが氷晶石（Na_3AlF_6）です。アルミナに氷晶石とフッ化アルミニウム（AlF_3）を混ぜて加熱すると、比較的低い温度で溶けて液体になります。この液体に炭素電極を用いて通電すると、陰極に金属アルミニウムが析出するのです。陽極からは酸素が発生しますが、これはただちに電極の炭素と結合して、二酸化炭素（CO_2）となります。このように電気分解でアルミニウムを得る方法を「**ホール・エール法**」といいます。

このように、アルミニウムを得るにはたくさんの電力を必要とするため、アルミニウムの生産は水力発電所が多く、安い電気を供給できる地域に集中していました。また、アルミニウムが「電気の缶詰」といわれるのも、このような理由からです。

アルミニウムの精錬

酸化されやすいアルミニウム → 炭素などで還元できない

だから電気分解しないといけないニャ

アルミニウム（Al）　酸素（O）

精錬の手順

① バイヤー法：ボーキサイトからアルミナ（酸化アルミニウム）を精錬

ボーキサイト　Al_2O_3（不純アルミナ） → [NaOH] → $NaAlO_2$ → [冷却] → $Al(OH)_3$ → [加熱] → アルミナ　Al_2O_3（純粋アルミナ）

② ホール・エール法：アルミナからアルミニウムを精錬

アルミナ　Al_2O_3（純粋アルミナ） → [Na_3AlF_6, AlF_3　電気分解] → アルミニウム　Al

ここでたくさんの電気がいるんだニャ

7-7 ナポレオン三世とアルミニウム

　一般的な金属として私たちの身の周りにあふれている**アルミニウム**ですが、金属アルミニウムができたばかりのころは、めずらしい金属としてもてはやされました。

　ナポレオン一世の甥(おい)にあたるナポレオン三世が皇帝位にあった19世紀中ごろ、皇帝の誕生日を祝う祝宴が盛大に行われました。廷臣(ていしん)の前には純銀の食器がきらびやかに並びます。ところが皇帝夫妻の前に並んだ食器は、なんとアルミニウム製だったというのです。そのころのアルミニウムのキャッチフレーズは「羽根のように軽く、ミルクのようにやわらかい輝き」というものでした。確かにアルミニウムの性質を端的に表していますね。

　当初はこのように珍重されたアルミニウムですが、電気分解が容易に行われるようになると、原料が豊富にあるだけに、すぐに一般的な金属になりました。しかしアルミニウムは軽くて加工しやすい金属ですが、欠点もありました。酸化されやすいため、酸にふれるとすぐに腐食(ふしょく)するということです。この欠点に特に困ったのが日本人だという話があります。

　日本では軽くて便利ということで、アルミニウム製の弁当箱が普及しました。日本人は習慣的に弁当箱のご飯部分の中央にウメボシを置いて、いわゆる日の丸弁当にします。そこでアルミニウムはウメボシに負けたようです。腐食して穴が空く弁当箱が続出したのです。しかし、この問題を解決したのも日本人でした。

　アルミニウムを酸化すると、表面にアルミナの薄い皮膜ができます。この皮膜はち密な組織をもち、非常に丈夫で内部を保護するのです。これを「**不動態**(ふどうたい)」といいます。つまり、弁当箱の表面に

このアルミナを人工的につくってやろうというのです。

　試行錯誤の末、1920年に方法が確立されました。それはシュウ酸($(COOH)_2$)水溶液中で、アルミニウム製品を陽極として電気分解するというものでした。このようにすると、アルミニウム製品の表面にアルミナの薄い皮膜が一様に成長し、内部が保護されるのです。この製品を「アルマイト」といいます。アルマイトは丈夫なだけでなく、溶液組成を変えることによって、アルマイトの色を変化させることもできます。このため、弁当箱だけでなく、鍋やヤカンなど多くのアルミニウム製品に利用されています。

　現在では電気分解だけでなく、クロム酸(H_2CrO_4)や硫酸(H_2SO_4)を用いてアルミナ皮膜をつくる方法も開発されています。

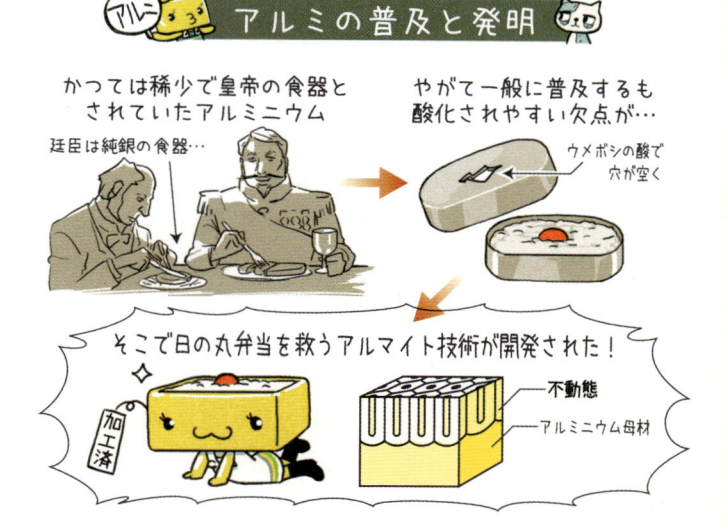

アルミの普及と発明

かつては稀少で皇帝の食器とされていたアルミニウム

廷臣は純銀の食器…

やがて一般に普及するも酸化されやすい欠点が…

ウメボシの酸で穴が空く

そこで日の丸弁当を救うアルマイト技術が開発された！

加工済

不動態
アルミニウム母材

7-8 缶ビールとアルミホイル

　アルミニウム (Al) にはすぐれた特徴がいくつかあります。代表的な性質を挙げてみましょう。

①**軽い**：アルミニウムの比重は2.7で、実用的な金属ではマグネシウム (1.7) に次いで小さく、鉄 (7.86) の約 $\frac{1}{3}$ です。そのため、自動車や新幹線の車体などに用いてエネルギーの節約に役立てようとの試みが、広く行われています。また、鍋などの調理器具に用いると、家事労働の負荷を軽減してくれます。

②**やわらかい**：やわらかくて加工性がよいため、いろいろな形に加工できます。ビール缶のような深絞りもできますし、アルミサッシのような押し出し加工もできます。またアルミホイルのように箔にすることもできます。

③**錆びない**：アルミニウム金属そのものは酸化されやすいのですが、表面に不動態をつくり、アルマイトとするとそれ以上の酸化に抵抗します。

④**伝導性がよい**：熱・電気伝導性ともに、銀と銅に次いで高いです。そのため高圧線に用いられたり、冷凍機、冷蔵庫の熱交換器などに用いられます。調理器具に用いられるのも、熱伝導性の高さを利用したものです。

⑤**低温でももろくならない**：液化天然ガスの製造機器など、ごく低温で機能する機器に用いられます。

　アルミニウムは純粋金属として利用されるだけでなく、合金としても用いられます。アルミニウムの合金として有名なものは、少量の銅を混ぜた「**ジュラルミン**」でしょう。軽くて強いということで、航空機の機体材料として欠かせないものになっています。

アルミニウム合金の中で最強の強度を誇る合金は、亜鉛（Zn）やマグネシウム（Mg）を混ぜたもので、「**超超ジュラルミン**」といわれます。

このようにすぐれた性質をもつアルミニウムですが、欠点もあります。その1つは高温に弱いことです。融点が660℃という低温であることからも、それがわかります。また、熱膨張率も大きいので、200℃以上での使用は避けたほうが賢明といわれています。

やわらかいということは、アルミニウムの加工性がすぐれているという長所でもありますが、同時に傷がつきやすいという短所にもなります。また、弾性が小さいので、限界を超えた力が加わると、簡単に破壊されてしまいます。これは鋼鉄の場合との大きな違いです。

溶接が困難であり、特殊技術を要するというのも、加工の面から見れば大きな欠点になります。

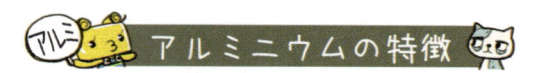

アルミニウムの特徴

アルミニウムの利用例

比重が小さく軽い

やわらかく加工しやすい

合金（ジュラルミン）も活用されてるビ

【表】アルミニウム（Al）の性質

融点	沸点	比重	抵抗*	比熱**
660℃	2,060℃	2.7	2.65×10^{-6}	0.223

単位　*Ω·cm　**cal/deg

7-9　ルビーとサファイア

　宝石といえば、ダイヤモンド、エメラルド、ルビー、サファイアが代表的なものですが、このうちダイヤモンドを除く3種に**アルミニウム** (Al) が入っています。アルミニウムを成分として含む宝石はたくさんあります。少しだけ紹介しましょう。

ルビー：赤い宝石の代表ですが、組成は簡単です。Al_2O_3、これまでに何回か見てきましたね。そうです、アルミナであり弁当箱の表面です。ルビーといって偉そう（？）にしていますが、そんなものです。ただし、純粋なアルミナの結晶は無色透明です。ルビーの赤は不純物として含まれた酸化クロム（Cr_2O_3）によるものです。

サファイア：青い宝石といえばサファイアですが、サファイアはルビーと同じアルミナです。違いは不純物です。酸化チタン（TiO_2）が混じると青くなるだけの話です。

エメラルド：緑の宝石はエメラルドです。これの組成はチョット複雑で、$Be_3Al_2(SiO_3)_6$ となっています。要するにベリリウム（Be）とアルミニウムと、あとは砂（SiO_2）の混合物です。

アレキサンドライト：悲劇の王朝ロシア・ロマノフ朝の王子、アレキサンドル二世の誕生日に、皇帝ニコライ一世に献呈されたことから名づけられた宝石です。蛍光灯で見る色（緑）と白熱灯で見る色（赤）が違うことで有名な宝石です。組成は $BeAl_2O_4$ です。

柘榴石（ざくろいし）：ザクロの実（み）のように固まって産出することからついた名前です。黒赤色（こくせきしょく）です。組成は $Mg_3Al_2(SiO_4)_3$ です。

ラピスラズリ：クレオパトラがアイシャドウに用いたという説もある青い宝石です。4種類の鉱物の混合物ですが、そのうちの1つの組成は $Na_{8-10}Al_6Si_6O_{24}S_2$ です。イオウ（S）が入っている点が宝

クンツァイト：パステル調でデリケートな色調のピンクの宝石です。性質もデリケートで割れやすく、また自然光に長くあてると退色するという、およそ宝石らしからぬ性質をもった石です。組成は$LiAlSi_2O_6$です。

タンザナイト：最新の宝石です。アフリカのタンザニアで発見されたのが名前の由来です。発見されたのが1967年、それをティファニーが宝石として大々的に売りだしたのが1980年です。見る角度や光源によって色の変わる宝石です。すなわち自然光では群青色、白熱灯では紫色、蛍光灯では青に見えます。組成は$Ca_2Al_2(Si_2O_7)(SiO_4)O(OH)$です。

ヒスイ：東洋の宝石であり、古来日本人がダイヤモンドよりも高価に取り引きしてきました。その油のようにネットリとした緑の光沢は日本人の黒髪に合うといわれています。組成は$NaAlSi_2O_6$です。

アルミニウムを含む宝石

ルビー　サファイア　エメラルド　アレキサンドライト　柘榴石（ガーネット）

ラピスラズリ　クンツァイト　タンザナイト　ヒスイ

COLUMN
炎色反応
えんしょくはんのう

　鍋物をコンロに乗せて火を強くしすぎると、沸騰してこぼれます。この汁が炎に入るとジューっという音がしてオレンジ色の炎が立ち上がります。これは汁に入っている食塩に含まれるナトリウムイオン（Na⁺）が加熱された結果、発生した「**炎色反応**」です。

　炎色反応とは、金属あるいは金属化合物を炎に入れると金属特有の色を発することであり、手軽に行えることから、簡単な定性分析などにも使われる手段です。炎色反応は、原子が炎の熱によって高エネルギー状態になり、その状態からもとの安定な低エネルギー状態に戻るときに、そのエネルギー差を光として放出する現象です。

　おもな金属の炎色反応には、次のようなものがあります。花火はこの現象を利用したものです。Li（深紅）、Na（黄色）、K（紫）、Rb（深紅）、Cs（青紫）、Ca（橙）、Sr（深紅）、Ba（黄緑）、In（藍）、Ga（青）、Cu（緑）、As（淡青）。毒物として有名な「タリウム」はギリシア語の"若い芽"にちなんで命名されたものですが、それは炎色反応が若い芽（黄緑）の色だからです。

第Ⅱ部
金属各論

8章
鉛・スズ・亜鉛・水銀

鉛は重い金属で、蓄電池やハンダに使われます。スズを鉄板にメッキするとブリキになりますし、銅と合金にすると青銅になります。亜鉛と銅の合金は真鍮になります。水銀は室温で液体の金属であり、多くの金属を溶かしてアマルガムをつくります。

8-1　青い金属

　鉛（Pb）は灰色の金属ですが、それは表面が酸化されているからで、ナイフで切ると金属光沢をもった切断面が見えます。この面の色は青白く見えますので、昔の人は鉛を青金といいました。

　鉛のおもな特徴を右表にまとめました。鉛のいちばんの特徴は重く（比重11.34）てやわらかく（硬度1.5）て溶けやすい（融点327.4℃）ということでしょう。釣りをしたことのある人はご存じでしょうが、釣りで使う錘は鉛であり、これはやわらかいので歯でかめばつぶれ、またリボン状のものは手でちぎれば切れます。融点が低くて重いということを利用して、昔の火縄銃の銃弾の主成分は鉛でした。

　鉛を使った合金で身近なものは「ハンダ（半田）」でしょう。ハンダは鉛とスズの合金で、その比率はいろいろですが、電気用に用いるものはスズが60％程度含まれています。食器用のものではスズが90％以上になっています。もともと融点の低い鉛ですが、ハンダでは合金となることによってさらに低くなり、200℃前後になっています。そのため、電気鏝（半田鏝）で簡単に溶かすことができるので、銅や鉄などの金属を溶着することができます。しかし、鉛の有毒性が指摘され、現在では鉛の代わりにビスマス（Bi）などを用いたものが使われています。

　自動車などに使われる「鉛蓄電池」は、鉛（Pb）、酸化鉛（PbO）、硫酸鉛（$PbSO_4$）を組み合わせてつくった電池です。しかし、ふつうの電池と違い、放電してしまったあとも充電によってもとの状態に戻り、繰り返して使うことのできるリサイクル電池です。

　意外なところでは、ガラスにも含まれており、クリスタルガラ

スには屈折率を高めるために鉛が入っています。その量は多いものでは30%に達します。また、α線を始めとした各種の放射線を遮蔽する効果がありますので、放射線の遮蔽材、あるいはX線（レントゲン線）の遮蔽材として使われます。レントゲンの撮影室と撮影技師を隔てる窓には、鉛の入ったガラスが用いられています。

また、酸や塩基に侵されにくいので、化学反応装置の内張りなどにも用いられます。

かつては水道水を通す水道管などにも用いられましたが、現在ではほかの材質への置き換えが進んでいます。

鉛の特徴

鉛の利用例

- 釣りの錘（おもり） — 重くてやわらかい
- ハンダ — 溶けやすい
- 車のバッテリー（鉛蓄電池）
- クリスタルグラス — 屈折率を高める

【表】鉛 (Pb) の性質

融点	沸点	硬度	比重	抵抗*	比熱**
327.4℃	1,750℃	1.5	11.34	2.08×10^{-5}	0.31

単位 *Ω·cm **cal/deg

8-2　石油と鉛(なまり)

　鉛(Pb)は人類が古くから使ってきた金属で、その多くは固体金属としての使用ですが、化学的な使い方もあります。そのようなものの1つは前節で見た「**鉛蓄電池(なまりちくでんち)**」です。そしてもう1つは「**アンチノッキング剤**」でしょう。

　ガソリンエンジンなどでは異常な燃焼が起きることがあります。正常な燃焼によって発生した火炎がエンジンルームに到達する前に、エンジンルーム内のガソリンが自然発火してしまうものです。これが起きると金属製の打撃音が生じるため、この現象を「**ノッキング**」といいます。ノッキングはエンジンの出力を低下させるだけでなく、エンジンの損傷にもつながります。

　燃料がノッキングを起こすかどうかを表す指標に「**オクタン価**」というものがあります。オクタン価が高いほどノッキングを起こしにくいことを表します。オクタン価は2つの燃料の混合比によって表します。

　非常にノッキングを起こしにくいイソオクタン($C_5H_9(CH_3)_3$)のオクタン価を100と定めます。一方、非常にノッキングを起こしやすいn‐ヘプタン(C_7H_{16})のオクタン価を0と定めます。この2種類の燃料を混ぜたものを標準試料とし、その中に含まれるイソオクタンの容量の比率(%)をオクタン価とするのです。そしてある燃料が起こすノッキングの回数と、標準試料の回数を比較し、同じ回数を示す標準試料のオクタン価をその試料のオクタン価とするというものです。

　燃料としてはノッキングを起こさないものがよいわけですから、ふつうの燃料に混ぜてノッキングの回数を減らす試薬が開発され

ました。これをアンチノッキング剤といいます。

アンチノッキング剤となったものは四エチル鉛（$(CH_3CH_2)_4Pb$）と四メチル鉛（$(CH_3)_4Pb$）でした。ガソリンに臭化エチレンとともにアンチノッキング剤を混ぜるとオクタン価を上昇させることができるのです。

しかし、これらのアンチノッキング剤は毒性が強いため、注意を喚起するためにアンチノッキング剤を含む燃料には着色を施しました。自動車用は橙色、航空機用は赤あるいは紫です。しかし、これらの燃料が燃焼すると排気ガス中に非常に有毒な有機鉛が含まれることが明らかとなり、1987年以降、ガソリンは完全に無鉛化されました。

鉛 アンチノッキング剤としての利用

エンジンのノッキング現象

ガソリンが自己発火してしまうことによりエンジンに異常な振動が起こる現象

その際、エンジン内で「キンキン」と音がする

オクタン価	ノッキングの起きにくさの指標		
イソオクタン $CH_3-CH_2-CH_2-CH_2-\underset{\underset{CH_3}{\mid}}{\overset{\overset{CH_3}{\mid}}{C}}-CH_3$ オクタン価100とする	n-ヘプタン $CH_3-CH_2-CH_2-CH_2-CH_2-CH_2-CH_3$ オクタン価0とする		（例）イソオクタンと同等のアンチノック性をもっている試料ならオクタン価は100

アンチノッキング剤	燃料に混ぜて自己発火を抑える添加剤（オクタン価を上昇させる）
四エチル鉛 $CH_3CH_2-\underset{\underset{CH_2CH_3}{\mid}}{\overset{\overset{CH_2CH_3}{\mid}}{Pb}}-CH_2CH_3$	四メチル鉛 $CH_3-\underset{\underset{CH_3}{\mid}}{\overset{\overset{CH_3}{\mid}}{Pb}}-CH_3$

鉛は有害なのでいまは使われてないのニャ

8-3　スズ

　スズ（Sn）は融点が低く（232℃）、空気中で安定しており展性・延性に富む白色の金属です。比重は7.3で、鉄（7.86）より少し軽い程度です。日本ではお酒をおいしくするとのことから、徳利、おちょこ、あるいは焼酎を温めるチンチロリンなどに利用されます。急須や茶托など、お茶の道具に使われることもあります。

　ガラス表面にインジウム（In）とスズ（英語でTin）の酸化物（SnO_2）を真空蒸着したものは「**ITO電極**」といわれ、透明で通電性がありますので、液晶表示の電極などとして欠かせないものになっています。また、ガラスにスズを**溶融**したものは「熱線カットガラス」と呼ばれ、太陽光の熱線を遮りますので、自動車のフロントガラスの表面に用いられます。

　スズには「**αスズ**」と「**βスズ**」という同素体があります。ふつうのスズはβスズですが、低温ではαスズに転位します。結晶系の違いから、αスズへ転位すると展性が失われると同時に体積が増えます。このため、酷寒の環境では転位が起こって、スズ製品がふくらんでぼろぼろになってしまうことがあります。この現象を伝染病にたとえて「**スズペスト**」ということがあります。

　スズと銅の合金が**青銅**（**ブロンズ**）であるということは、銅の項（7-3参照）で見た通りです。多くの場合茶褐色ですが、スズの含有量が増えると黄色から白色になります。スズに少量の鉛を加えた合金は「**ピューター**」あるいは「**シロメ**」と呼ばれ、鋳物にすると細かい細工ができること、銀に似た美しい表面をもつことなどから、工芸品やビアジョッキなどの食器や小さい人形（フィギュア）に利用されます。現在では鉛の毒性のために鉛の代わりにアンチモン

(Sb) や銅 (Cu) などを加えてつくります。

　鉄板にスズをメッキしたものを「ブリキ」といい、缶詰の缶や、オモチャなどに使用されます。メッキは現在ではほとんどすべてが「電気メッキ」ですが、かつては「溶融メッキ」でつくられたこともあります。溶融メッキとはメッキしようとする金属（たとえばスズ）を溶かして液体とし、そこに鉄板を浸して引き上げるとブリキができる、というものです。その操作法から「ドブ漬け」、あるいは「テンプラメッキ」とも呼ばれました。言い得て妙という名前ではないでしょうか？

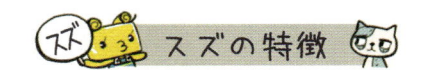

スズの特徴

スズの利用例

- ITO電極：液晶パネル
- ブリキ（スズによるメッキ）：缶詰の缶、スズの兵隊
- ピューター（鉛とスズの合金）：ビアジョッキ

「ピュ～ター～」
「融点が低く加工しやすいので家でも鋳物ができるニャ」

【表】スズ (Sn) の性質

融点	沸点	比重	抵抗*	比熱**
232℃	2,270℃	7.3	11×10^{-6}	0.053

単位　*Ω・cm　**cal/deg

8-4 亜鉛

　亜鉛 (Zn) は金属としては低い融点 (419℃) をもち、青みがかった白色の金属です。比重は7.1で、スズとほぼ同程度です。空気中では炭酸亜鉛 ($ZnCO_3$) の被膜をつくり、内部を保護します。

　常温ではもろいのですが、110～150℃の範囲でのみ展性・延性が現れるという不思議な性質をもっています。酸化亜鉛 (ZnO) を「亜鉛華」と呼ぶことがあります。白色粉末として顔料や化粧品、また医薬品に用います。酸化亜鉛は結晶体では無色透明ですので、ガラス基盤に蒸着して透明電極に用いられます。乾電池の負極に使用されていることはご存じの通りです。

　亜鉛は人体にとって必須元素であり、成人で2.5gほど含まれています。亜鉛は多くの酵素の中に含まれています。細胞分裂に関係し、成長の激しい部分、つまり毛髪、爪、精子などに多く存在します。不足すると傷の治りが遅くなるとか、食物の味がわからなくなるなどの症状がでます。その一方で、多すぎると人体に有害であり、金属亜鉛は皮膚を刺激し、亜鉛蒸気を吸入すると呼吸器に障害を起こし、四肢に痙攣を生じるそうです。

　亜鉛と銅の合金が真鍮 (黄銅、ブラス) と呼ばれることは、銅の項 (7-3参照) で見た通りです。亜鉛は「ダイカスト合金」にも使われます。ダイカストとは鋳物のことであり、溶けた金属を型に流し込んで製品をつくる方法です。南部鉄器や伝統工芸に見られるように、砂で型を取ってつくる砂型鋳物もありますが、一般にダイカストという場合は、金型を用いる現代的な鋳物を指します。ダイカストは精密な製品を短時間に大量につくれるという利点があります。

それに対して、砂型を用いる砂型鋳物はいちいち砂型からつくり始めなければならないという不便さはありますが、大型の製品をつくるには便利であり、また砂型を壊して製品を取りだすので、製品を型からだしやすいなどの利点があります。

鋳物に向く合金をダイカスト合金と呼び、それぞれ主体とする金属に応じてアルミダイカスト、亜鉛ダイカスト、マグネシウムダイカストなどの種類があります。

鉄板に亜鉛をメッキしたものを「**トタン**」といいます。トタンは耐侵食性が強いので、屋根板などの建築物に用いられます。

亜鉛の特徴

亜鉛の利用例

亜鉛合金の鋳物
ダイカスト
同じ型から大量に生産できる現代的鋳物
（金型鋳造法）

トタン（亜鉛によるメッキ）
トタン屋根

人体の必須元素
爪や細胞分裂など

亜鉛が不足すると味覚障害になってしまったりもします

メ…メタルちゃん！
ぼく！ぼく！
ケーキじゃニャイ！

【表】亜鉛 (Zn) の性質

融点	沸点	比重	抵抗*	比熱**
419℃	930℃	7.1	5.9×10^{-6}	0.093

単位　*Ω·cm　**cal/deg

8-5　液体の金属（水銀）

　水銀 (Hg) は室温で液体の状態であるただ1つの金属です。液体で銀のような光沢のある金属という意味で水銀といわれますが、昔の日本では"みずかね"ともいわれました。

　水銀は自然水銀として水銀そのもので産出することもありますが、大部分は硫化水銀 (HgS) として「辰砂」という鉱物に含まれて産出します。

　辰砂を空気中で400〜600℃に加熱すると硫黄は酸化されて二酸化硫黄 (SO_2) となり、水銀が遊離して気体となって蒸発しますので、それを冷やして液化し、水銀を得ます。辰砂は赤くて美しいので砕いて顔料にしたり、印鑑の朱肉に用いたりします。

　水銀は熱膨張率が高く、かつ膨張係数が温度にかかわらず一定であることから、体温計などの温度計に用いられます。

　かつては消毒薬（マーキュロクロム）や水銀電池の材料として使われていましたが、水銀の毒性が明らかになってからは使われないようになりました。しかし、水銀灯や蛍光灯の発光体として使われていることは、2-9で見た通りです。

　大電力用の整流器（水銀整流器）や高速作動用のリレーの接点材料としても使用されるなど、電気関係でも重宝されています。超伝導現象が最初に発見されたのも、水銀に関してのものでした。また、一端を閉じたガラス管に水銀を入れて逆さにすると、水銀柱の高さはかならず76cmになり、ほかの部分は真空になるという「トリチェリーの実験」でも有名であり、かつて気圧の高さは水銀柱の高さで表現されました。

　水銀は鉱業分野でも大切であり、鉱物から金属部分を選ぶ選鉱、

それから金属を取りだす精錬、いずれの部分でも重要なはたらきをしました。水銀は比重の大きい液体であるため、水銀より比重の大きい金は沈みますが、それより小さい岩石は浮きます。このようにして金部分を選び取ることができます。また、多くの金属は水銀に溶けて「**アマルガム**」をつくりますので、鉱石から金属を取りだすことができるのです。

平安の昔には修行僧がこのような冶金術（やきん）を全国に伝えて歩き、信仰を集めたといわれます。やがて僧侶がそのようにして得た知識をもとに、平城京の大仏建立（こんりゅう）という国家的事業につながっていったものと思われます。

水銀の特徴

水銀の利用例

- 体温計
- 電灯（水銀灯・蛍光灯）
- 水銀気圧計（約76cm、トリチェリーの真空、水銀）
- 選鉱（岩石／金／水銀）

液体だからこそいろいろ使えるんだニャ

【表】水銀（Hg）の性質

融点	沸点	比重	抵抗*	比熱**
－39℃	357℃	13.6	9.6×10^{-5}	0.033

単位　*Ω・cm　**cal/deg

8-6　黄金の奈良の大仏（アマルガム）

　よく金は「王水（硝酸と塩酸の1：3混合物）」にしか溶けないといわれます。確かに水溶液で金を溶かすものは王水だけかもしれません。しかし、物質を溶かすのは水にかぎりません。油だってよいわけです。金は液体の金属には溶けます。すなわち金は水銀に溶けるのです。水銀は金にかぎらず、多くの金属を溶かします。溶けない金属は白金、鉄、タングステンなど数種類だけです。金属が水銀に溶けたものを「アマルガム」といいます。

　昔は歯医者さんがアマルガムを用いました。虫歯の穴などにアマルガムを詰めたものです。これはアマルガムを手でもんでいるうちに硬くなる性質を利用したものです。少量の無機水銀とはいいながら、水銀を口の中に入れっぱなしにするのですから、健康上はどうだったのでしょう？　現在だったら問題になるのではないでしょうか。

　かつて金アマルガムを大量に用いた国家事業が行われました。遠い天平の昔に奈良に築かれた盧舎那仏、奈良の大仏です。現在の大仏は、青銅の黒褐色の肌をしています。しかし創建当時は金色にまばゆく輝いていました。全身を金メッキされていたのです。

　電気のない当時、どうやってメッキをしたのでしょう？　メッキをするにはかならずしも電気を必要とはしません。8-3でスズのテンプラメッキを見ました。奈良の大仏のメッキには水銀を用いたのです。すなわち金を約3倍（約5倍という説もあります）の重量の水銀に溶かしてアマルガムをつくるのです。この泥状のアマルガムを大仏の全身に塗ります。その後、適当な手段（といっても当時は炭火しかなかったでしょうが）で部分的に強烈に加熱す

るのです。すると沸点（357℃）の低い水銀は蒸気として揮発し、あとには金が残るというしくみです。

このようなメッキ法は、いまでも伝統工芸で用いられます。やわらかい輝きをもった美しいメッキができます。奈良の大仏もさぞかし美しかったことでしょう、とよろこんでばかりもいられません。問題は水銀蒸気です。試算によれば奈良の大仏のメッキに用いた金の重量は、諸説ありますが多いもので9トン、少ないもので440kg（この差はどうでしょう？）、水銀は多いと50トン、少ないと2.5トンです。

とにかく、数トンの水銀蒸気が奈良盆地に立ち込めたのです。住民がただですんだとは思えません。深刻な水銀中毒が発生したのではないでしょうか？　もちろん当時、そんな知識はありません。この地は祟られているとか、呪われているとかいう話になったのかもしれません。それが国家を挙げての都づくりだったにもかかわらず、わずか70年ほどで長岡京へ、さらに京都へ遷都した理由だという説もあります。

金アマルガムによるメッキ法

メッキしたいものに **金アマルガム** を塗る
＝金が水銀に溶けたもの

加熱↓

水銀は蒸発、表面に金だけが残る

こうして彩られたのが奈良の大仏様‥
昔は金ピカ様だったんだピ

水銀中毒者が多発？

というわけでコモンメタルの紹介もあと少しニャ

COLUMN

皇帝たちの愛用した毒

　重金属の毒性は、歴史にも暗い影を落としているといいます。

　ローマ皇帝のネロやカリギュラは残酷なことで有名ですが、彼らとて若いころは将来を嘱望されて帝位に就いたはずです。彼らの変貌の原因はいろいろあるでしょうが、その1つといわれるのが鉛です。ローマ時代のワインはよほど酸っぱかったようで、それなら無理して飲まなければよさそうなものですが、そこは酒好きです。鉛の容器に入れて温めて飲んだといいます。ワインに含まれる酒石酸が、鉛と反応して甘い「酒石酸ナトリウム」になるからです。このようなワインを昼夜の見境なく飲み続けたため鉛中毒になり、精神も病んだというのです。サモアリナンです。

　中国皇帝の中には歳を取ると肌が土気色になり、声が枯れ、異常に怒りやすくなる者が多かったそうで、これは水銀中毒のせいといわれています。中国皇帝は、不老不死の薬として水銀製剤を飲み続けたというのです。水銀は銀色の液体ですが、加熱すると黒色の酸化水銀（Hg_2O）となり、さらに加熱すると分解してまた銀色の水銀に戻ります。これが不死鳥のような再生のイメージになったという情けないくらい単純な発想ですが、とにかく、不老不死の効能があると信じ、がんばって飲み続けたのでしょう。

第Ⅱ部
金属各論

9章
金・銀・白金

金は黄色の美しい金属ですが、反応性に乏しく、いつまでも金属光沢を失いません。銀は銀色の金属ですが硫黄などと反応して表面が黒くなります。臭化銀は写真のフィルムに使われます。白金も銀色の金属ですが、各種の触媒作用があるため、現代科学に欠かせません。

9-1　金の純度＝カラット

　金（Au）は特別な金属です。金属のうちではっきりとした色がついているものは、黄色い金と赤い銅だけですが、金と銅では輝きが天と地ほども違います。すべての金属は新しいときはどのように輝いていようとも、時間がたてば鈍くなって輝きを失い、金属によっては朽ちてしまいます。しかし、金はどのような環境に置かれようとも、色も輝きも失いません。

　青銅も鉄も朽ち果て、土器が割れてしまったあとも、金製品はその形ばかりでなく、色も輝きもいささかも変わりません。金は永遠の美しさをたたえる金属です。過去の歴史の輝きを生き生きと後世に伝えてくれます。シュリーマンの発掘したクレタ文明の黄金の酒盃は、なによりも雄弁に過去の栄光を語ってくれます。

　金は比重が19.3もあり、非常に重い金属です。鉄（比重7.86）の2倍半近くもあります。展性・延性にすぐれ、1gの金を針金に延ばすと最大2,800mになりますし、箔にすると厚さは$0.1\mu m$にまで薄くなります。しかし硬度は2.5であり、やわらかい金属であるといえます。そのため、鍛造によって種々の作品をつくることができるのです。

　金は非常に安定した金属であり、化学反応をすることはほとんどありません。金の製品には数字がついています。○○Kです。14Kとか18Kとか24Kとかです。近くに金製品があったらご覧になってみてください。○○Kと刻印が打ってあるはずです。この「**K**」は「**カラット**」と読みます。宝石のカラット（ct）と同じ読みです。金にKを用い、宝石にはctを用いるのが一般的ですが、英国では金にKではなくctを用いるそうです。

宝石のカラットは重さを表します。1カラット=0.2gです。それに対して金のカラットは純度を表します。金製品には純金製もありますが、多くは合金です。そのため、金の純度を表す尺度を決め、それが○○Kなのです。この表示法では純金を24Kとします。したがって、12Kの金は純度50％、18Kは75％となります。ネックレスなどに24金を用いると、最初はよく輝いて美しいのですが、やわらかいため、やがてすれて輝きを失いますので、純度を落として硬度を上げます。しかし最近は、純金に放射線を照射して硬度を上げるということも行われています。

　金は金色といいますが、詳細に見るといろいろな色があります。すなわち、金に微量に混ざるほかの金属の種類によって、イエローゴールド、ピンクゴールドなど、多彩な色になります。

金の特徴

カラット＝金の純度を示す単位
- 純金 ⇒ 24カラット（金塊）
- 純度50％ ⇒ 12カラット（小判）

安定！簡単加工 そして美しい！

純金のままだと装飾品としては使いにくい。だから合金がつくられるんだけど、成分によって色がさまざまなんだニャ

【表】いろいろな色の合金

種類	成分
イエローゴールド	Au+Cu
ピンクゴールド	Au+Cu+Zn, Ni
ベージュゴールド	Au+Ag+Cu+Cd
パールゴールド	Au+Al

【表】金（Au）の性質

融点	沸点	比重	抵抗*	比熱**
1,063℃	2,970℃	19.3	2.2×10^{-6}	0.031

単位　*Ω・cm　**cal/deg

9-2　金箔は青い？

　金（Au）は、展性・延性がもっとも大きい金属です。金の展性を最も生かしたものは「金箔」でしょう。

　金を薄く延ばしたものを金箔といいます。金箔をガラスにはさんで透かしてみると、色ガラスを透かすように景色が見えます。景色はなに色に見えるでしょう？　金色ではありません。青色に見えるのです。

　金箔をつくるには、特殊な道具を用います。それは紙です。金箔をつくるには、まず金を打ち延ばさなければなりません。そのためには2枚の紙の間に金の小さい粒をはさみ、それを100枚ほども重ねたものをハンマーでたたきます。すると紙の間で金が広がり、金箔になるのです。それでは、この紙はどのような紙でもよいのでしょうか？

　たとえば、ふつうのコピー紙にはさんで、たたいてみましょう。確かに金は薄くなります。しかし、それはちぎれたちり紙のようなもので、ボロボロの状態になります。料理用に使うのならこれでもよいかも知れませんが、きれいに均一に延びた金箔をつくるためには、それなりの紙が必要なのです。この紙を箔紙といいます。箔紙をつくるのは、金箔をつくる箔師です。

　箔紙は上質の和紙（美濃地方：岐阜県で漉いた美濃紙がよいといいます）でつくります。まず水に藁からつくった灰を溶かし、そこに和紙を入れたあと、さらに柿の渋、卵白などを入れて半年ほど浸けます。その後、水洗いと陰干しをしてできあがりです。

　手間はかかりますが、その代わり箔紙は何回も繰り返して使うことができます。打たれ打たれて最後に役目を終えた箔紙には、

華々しい出番が待っています。それは女性の美を演出する「油取り紙」です。油取り紙は、この箔紙を京都の芸妓さんが化粧用に使い始めたことがルーツであるといわれています。

金箔は食器や絵画、屏風など種類を問わず、日本の伝統工芸にふんだんに利用されています。マルコ・ポーロが日本には金があふれているといったのは、正確には金箔におおわれているというべきだったかもしれません。日本の多くの美術工芸品は金色に見えますが、実は金箔でおおわれているもので、中身は木材です。

しかしそれは、たんに金無垢を装うのではなく、金無垢にはない繊細な美しさを表しているものなのです。よい例は金閣寺です。これが金無垢だったら、それはただの金成金でしょう。

展性にすぐれた金

金箔のつくり方

金を箔紙ではさんで → ハンマーでたたく → じゅうぶんに薄くなると景色が青く見える

青く見える理由
金は通常、黄や赤の光を反射し
青い光は吸収する。
しかし、金箔はとても薄いので
青色の光を透過してしまう

…というわけニャ

9-3　金は溶けない？

　金（Au）は酸にも塩基にも侵されません。しかし金を溶かすものは存在します。金と同じ金属の液体、**水銀**には溶けて「**アマルガム**」をつくります。水溶液では、王水と青酸イオン（CN⁻）を含む水溶液が金を溶かします。この性質を生かして、金メッキをするときには青酸カリ（KCN）水溶液に金を溶かします。青酸カリ水溶液は金だけでなく、種々の金属を溶かします。そのため、青酸カリは猛毒物質であるにもかかわらず、毎年何十トンも使われているのです。

　金は化学的な反応性が乏しく、容易に反応しようとしません。そのため、金を含んだ分子の種類は少なく、金が分子の構成成分となった場合の性質は明らかではありません。したがって、金を含んだ薬品の例もほとんどありません。少ない例の1つが4-7で見た金チオリンゴ酸ナトリウムであり、リウマチの治療薬となっています。今後いろいろな金製薬がでてくれば、その効果には期待がもたれます。

　最近では金の触媒作用に注目が集まっており、この面でも今後の発展が期待されます。

　価値の高い金を、廉価の金属（卑金属ということがあります）からつくろうという試みが「**錬金術**」でした。錬金術は化学の生みの親であり、育ての親です。しかし、錬金術はしょせん成功するはずのない虚偽の技術だった、というのがこれまでの一致した見解でした。しかしこれは間違っています。金はほかの金属からつくることができるのです。原子核反応です。しかし、運命的なものを感じざるを得ません。古代錬金術といえば、活躍するのは水銀

でした。水銀は金を溶かして灰色のアマルガムとなり、熱が加われば自分は消えて、輝く金を正面に立てるのです。この能力にどれだけの王侯貴族がだまされたことでしょう。

現代の錬金術ともいうべき原子核反応でも、金を生みだすのは水銀です。水銀の原子に高速のベリリウム（Be）原子核を衝突させると金ができます。しかし、原子核反応は原子核が1個1個で起こす反応です。金の原子量は197ですので、金197g、比重19.3を考慮すると、10mLの金を得るためには6×10^{23}回も、この反応が起こる必要があります。

このようにしてつくった金の値段はいくらになることでしょう？自然の金など裸足で逃げだすほどの値段になることでしょう。

金と反応する物質

金を溶かす水溶液

王水
$HNO_3 + HCl$
$= 1 : 3$
で混ぜたもの

青酸イオンを含む水溶液
KCNやNaCN
の水溶液

金は安定的だけど水銀やこれらの水溶液には溶けるのニャ

卑金属から金へ？

錬金術
卑金属で悪かったな！
Hg ケッ
→（金をコッソリ加える）→ 金アマルガム → Au
金が取りだせたように見せる

現代科学
どうせ俺なんか
Hg ケッ
→（原子核反応）→ まーじーでー？ Au
本当に金に変わる
あらまー！

9-4 世界経済と金

　金（Au）は物理的、工学的に貴重で重要な金属であるばかりでなく、社会的、経済的にも重要なはたらきをしてきました。金は「金本位制」のもと、各国の経済力の指標となってきました。金本位制が廃止された現在、各国の経済の実力はかならずしも明確なものとはならず、貿易量や為替など、投資家の思惑に流されるようになっていることは、毎日の経済動向が示す通りです。

　このように経済にとって大切な金ですが、金の価格は決まっていません。寿司の値段と同じで時価となっています。毎日毎日の金の取引高で値段が決められます。買いたいという人が多ければ高くなり、売りたいという人が多ければ安くなります。2000年以降の価格変動を見ても、安いときには1gあたり（以下省略）1,000円でしたが、2008年6月現在で、3,100円台を超えています。

　ちなみに、ほかの貴金属である銀、白金の値段はどれくらいでしょう。日本人は伝統的に銀の価格を高く考える傾向があるようですが、銀は安い金属です。もちろん金に比べればの話ですが。銀の価格はおよそ金の$\frac{1}{100}$で推移してきたのですが、最近はやはり異常で、現在では60円を超えており、金の$\frac{1}{50}$です。

　白金は高い金属です。時期によって違いはありますが、おおむね金の数割以上から、ときには2倍を超えます。これも最近は異常で、2008年6月現在で白金は7,500円にせまろうとしています。燃料電池などに白金が触媒として使われるため、将来の需要を見越した思惑買いなどが入り、さらに高値になっているようです。これでは、燃料電池が技術的には完成しても白金価格の上昇のため、経済的に成り立たないという状態にならないともかぎりません。

2001年ごろに、一時パラジウム (Pd) の値段が急上昇しました。1998年には500円だったものが、2000年には1,200円になり、その後いっきょに3,600円に上がりました。市場に、ロシアが白金を売らなくなり、パラジウムが白金に代わって触媒になる、との噂が流れたためでした。しかし、それが根も葉もない噂とわかると途端に値が下がり、結局2003年にはもとの値段に戻ったことがありました。現在はまた少し値上がりし、1,400円をつけています。

金の価格は経済が不安定なとき、戦時下、あるいは戦争の恐れがせまっているときには高くなる傾向があります。戦争が起こってインフレが始まると貨幣価値はとめどなく下がりますが、金の価格はむしろ上がります。しかも、体積が小さくもち運びに便利で、そのうえ国境をまたいでも価値の変わらない金は、非常時の財産として最適なものなのです。最近の金価格の上昇はなにを告げているのでしょうか？

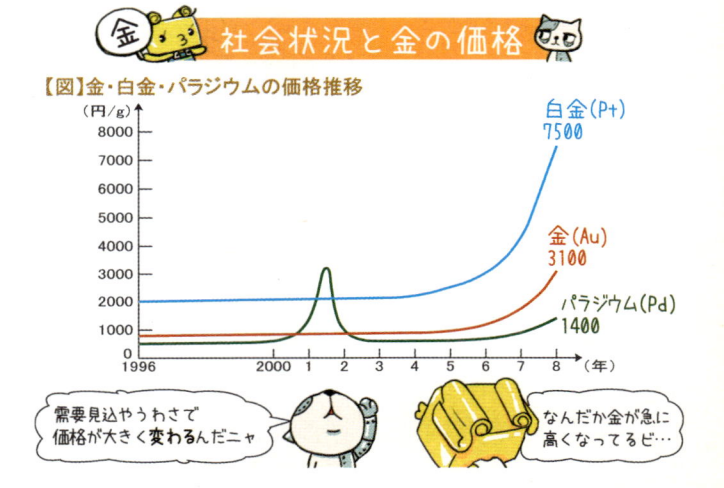

社会状況と金の価格

【図】金・白金・パラジウムの価格推移

白金(Pt) 7500
金(Au) 3100
パラジウム(Pd) 1400

需要見込やうわさで価格が大きく**変わる**んだニャ

なんだか金が急に高くなってるビ…

9-5 銀の性質

銀（Ag）の比重は10.5で金の半分ほどですが、電気伝導度と熱伝導度は全元素中で最大を誇ります。

銀は白く輝く美しい金属であり、各種工芸品や食器に用いられます。しかし、いつまでたっても輝きを失わない金に対して、銀製品は長い年月がたつと輝きを失い、ときには黒く変色してしまいます。これは、空気中に含まれる硫黄分や亜硫酸ガス（SO_2）などによって、硫化銀（Ag_2S）ができたせいです。硫黄分は温泉地では濃くなり、タマネギやニンニクなどにも含まれますので、銀の装飾品をつけているときには要注意です。しかし各種の回復剤ができていますので、それで手当をすればもとの状態に戻ります。

銀は貨幣にも用いられ、江戸時代の日本では小判の補助貨幣として一分銀や二分銀として用いられました。最近でも100円硬貨や500円硬貨の記念貨幣として数量限定で発行されることがあります。アメリカではかつて貨幣は銀で鋳造されていました。女神の顔を彫ったモルガンダラーや、歩く女神を彫ったウォーキングリバティーなどは、現在でもアメリカのよき日をしのぶマスコット的な存在です。

銀で食器をつくったのは、銀が美しい金属だからという理由だけではありません。もっと切実な理由がありました。昔の、特にルネサンス期の王侯貴族は、常に毒殺の恐怖におびえていました。とりわけヒ素による毒殺です。ヒ素は無色・無味・無臭で、食物に混ぜられると検出のしようがありませんでした。そのような時代、銀はヒ素にふれると黒く変色して教えてくれると信じられていたのです。現在では根拠のない話とわかりますが、当時は藁に

9章 金・銀・白金

でもすがる思いで、銀食器をそろえたのでしょう。

　日本でも似たような話はあります。キノコの毒です。キノコに毒があるかどうかは外見からはわかりません。食用キノコによく似た毒キノコもあります。そのようなキノコに髪飾りである銀の簪(かんざし)を刺してみます。かんざしの色が変わらなければ無毒であり、黒くなったら毒キノコだ、というわけです。もちろん、なんの根拠もない話です。

　しかし、銀に「殺菌作用」があるのは確かです。銀は細菌の酵素に結合し、その作用を抑えることによって菌を殺すのです。最近では光触媒の酸化チタン（TiO_2）と組み合わせ、明るいときには光触媒と銀による殺菌作用を行い、暗くなっても銀の殺菌効果が残る、という抗菌製品も開発されています。

銀の特徴

銀で毒性がわかる？

銀食器がヒ素に反応すると… → 黒くなる？

銀のかんざしを毒キノコに刺すと… → 黒くなる？

どちらも迷信！信じちゃいけないニャ！

でも殺菌作用はちゃんとあるぞよー

【表】銀（Ag）の性質

融点	沸点	比重	抵抗*	比熱**
960℃	1,980℃	10.5	9.6×10^{-6}	0.056

単位　*Ω・cm　**cal/deg

9-6　写真と銀

銀（Ag）は写真のフィルムに使われています。

写真のフィルムには**臭化銀**（AgBr）が塗られています。臭化銀はイオン性の化合物で、**銀イオン**（Ag^+）と**臭素イオン**（正確には**臭化物イオン**といいます）Br^-から成なっています。しかし、Ag^+に光（光子）があたるとAg^+はBr^-から電子を奪って銀原子（Ag）となり、Brは2個が結合して**臭素分子**（Br_2）となります。これが「感光」という段階です。

しかし、このような操作でできる銀原子は個数が少なく、目で見ることはできませんので、銀を増やす操作が必要です。これを「現像」といいます。この操作によってフィルム上に撮影像が現れます。しかし、フィルム上には感光しなかった臭化銀や、感光によって生じた臭素などが残っています。そこで最後にこれらの不要物を取り去る操作をします。これが「定着」です。

このように、フィルムを使う写真の現像は化学反応によって成り立っています。しかし、最近はデジタルカメラが全盛ですので、銀を使った銀塩写真は早晩姿を消す運命なのかもしれません。

9-4でパラジウムの価格高騰について述べましたが、銀も一時高騰したことがあります。1980年にはいっきょに20倍になりました。このときには銀不足が真剣に議論され、写真に銀以外の金属を使う試みが研究されたものでした。

ちょうどこのころ、石油不足も叫ばれました。化石燃料に代わるエネルギー源は原子力か太陽です。現在は太陽エネルギーといえば太陽電池ですが、当時はさまざまな可能性が検討されました。その1つに銀イオンを利用するものがありました。もっとも銀は脇

役で、主体は有機化合物ですが。

最下図のように、有機化合物1に紫外線を照射すると有機化合物2に変化します。有機化合物2は分子構造に無理があり、モデルに組めないほどひずみがかかっています。要するに、分子内にひずみエネルギーをタップリかかえた高エネルギー化合物なのです。

そこで、この化合物に銀イオンを作用させます。すると有機化合物2の結合がパラッと解けて、もとの有機化合物1に戻ります。もちろん、このときにはひずみエネルギーも解放されます。

簡単にいえば、砂漠で有機化合物1に光をあて、できた有機化合物2を南極へもっていき銀と反応させると、砂漠のエネルギーが南極で解放されるわけです。もとに戻った有機化合物1は光をあてればまた有機化合物2になり、何回でも繰り返し使用することができます。化学的な蓄電池のようなものです。

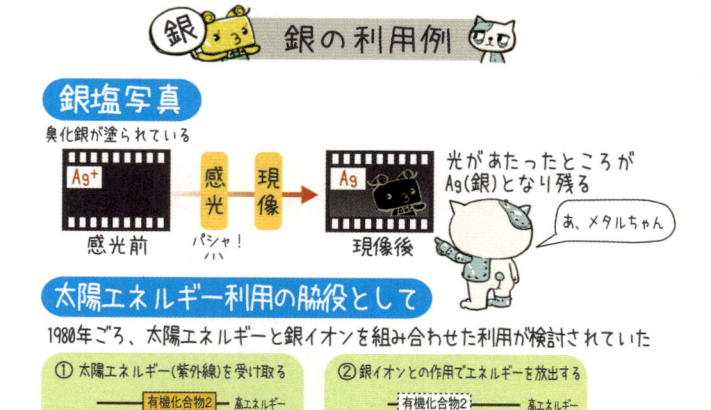

銀の利用例

銀塩写真

臭化銀が塗られている

感光前 → 感光 パシャ! → 現像 → 現像後

光があたったところがAg(銀)となり残る

あ、メタルちゃん

太陽エネルギー利用の脇役として

1980年ごろ、太陽エネルギーと銀イオンを組み合わせた利用が検討されていた

① 太陽エネルギー(紫外線)を受け取る
- 有機化合物2 — 高エネルギー
- 紫外線 ↓結合!
- 有機化合物1 — 低エネルギー

② 銀イオンとの作用でエネルギーを放出する
- 有機化合物2 — 高エネルギー
- Ag⁺ ↓分離! → エネルギー
- 有機化合物1 — 低エネルギー

9-7 白金はホワイトゴールドか？

白金 (Pt) もホワイトゴールドも白くて美しい金属であり、おもに装飾品に用いられます。しかし、白金はホワイトゴールドではありません。白金はプラチナ (Pt) で元素の1つです。ではホワイトゴールドはなんでしょうか？ ホワイトゴールドとは金 (Au) と銀 (Ag) などの合金のことなのです。白金の価格が金の2倍もする現在、プラチナとホワイトゴールドを取り違えると問題です。

白金は希少な金属で、年間採掘量は180トン前後と金の$\frac{1}{10}$程度にすぎません。おもな産出国は金と同様、南アフリカ共和国です。現在までに採掘された量は4,000トン、体積にして200立方メートル、一辺6mの立方体の体積にすぎないといわれています。

白金は融点が高く (1,772℃)、細工がしにくい金属です。また、非常に安定した金属であり、王水以外には溶けません。そのため重さの基準であるキログラム原器や、長さの基準であるメートル原器、あるいは万年筆のペン先などに用いられました。そして、自動車の点火プラグや白金カイロの点火器具にも用いられています。さらに、電気抵抗と温度の関係が直線的であることを利用した白金抵抗温度計は、絶対温度14 K という超低温から1,235Kの高温まで計れる標準温度計として利用されています。

反応性に乏しいと思われていた白金ですが、触媒としてはすばらしいはたらきをすることがわかりました。公害関係では「三元触媒」です。三元触媒とは白金、パラジウム (Pd)、ロジウム (Rh) とアルミニウム (Al) の合金です。自動車の排気ガス中に含まれる主要有害物質は3種類あり、それは炭化水素 (CnHm)、一酸化炭素 (CO)、窒素酸化物 (NOx) です。三元触媒は炭化水素と

一酸化炭素を完全燃焼させて二酸化炭素（CO_2）と水にし、同時に窒素酸化物を窒素と酸素に分解するのです。1960年代後半から自動車の排ガスの浄化に大きなはたらきをしています。

　このほかにも、有機化合物に水素を付加させる際の触媒など、多方面で使われています。薬剤としても効果があり、ガンの治療薬については4-7で見た通りです。

　このように白金は、同じ貴金属でも工業的に活躍することの少ない金に比べ、現代科学、そして現代産業に欠かせない存在となっています。白金のこのような利用法は、今後とも増えることはあっても減ることはないでしょう。

現代産業に欠かせない白金

原器 （白金80%）

キログラム原器　「1キログラム」の基準となる

メートル原器　「1メートル」の基準となる

レアメタルだけどついでに紹介！

三元触媒 ＝白金などを使い自動車の排気ガス中の有害物質を浄化する装置

主要有害物質	三元触媒	無害化
C_nH_m	酸化	$mCO_2 + \frac{n}{2}H_2O$
CO	酸化	CO_2
$2NO_x$	分解	$N_2 + xO_2$

白金は工業的にも役立つ貴金属だど！

装飾の金

　日本人は金の使い方が上手だったということができるのではないでしょうか？　ヨーロッパでは金を薄板に延ばして使うことが多かったようです。ところが日本では、薄板をさらに薄くし延ばした金箔、あるいはさらに細かくして粉末にした金粉を用いました。そのため、少ない金で大面積を装飾することができたのです。

　金を用いた加飾法には日本人の知恵が隠れています。昔、金粉をつくるには水飴を用いました。乳鉢に金箔と水飴を入れ、乳棒でこすると飛び散ることなく、細かい金粉入りの水飴ができます。これを水で溶かしてうわずみを捨てると、金粉だけが残るという寸法です。

　木製の器に漆を塗り、乾かないうちに金粉をまぶすと全面金色になり、あたかも金無垢のように見えます。これをイッカケ塗りといいます。

　また、金塊を鑢でおろすと金の微粒子ができます。木製の器に塗った漆が乾かないうちにこの粒子をまきちらし、その後、砥石などで研ぎだすと梨のような肌になります。これを梨地塗りといいます。

　このような多彩な加飾法を駆使して、華麗な金装飾の世界ができるのです。

第Ⅲ部
その他の金属の種類と性質

10章
レアメタル

一般に手に入れにくく、希少な金属をレアメタルといいます。レアメタルは磁石、半導体、ダイオードの原料、合金の材料として現代科学、産業に欠かせない金属です。しかし日本では産出量が少なく、その安定入手、あるいは代替物質の確保が模索されています。

10-1　レアメタルの種類

　地球上に安定して存在する「元素」は、例外ともいえる原子番号43のテクネチウム（Tc）を除けば約90種類あります。そして、その元素は「金属元素（約70種類）」「半金属元素（半導体、5種類）」「非金属元素（16種類）」に分類することができます。このうち半金属元素と金属元素は、さらに「コモンメタル（汎用金属）」「レアメタル（希少金属）」とそれら以外の金属に分けることができます。

　コモンメタルとは、歴史的に私たちの生活と社会を支えてきた金属であり、鉄（Fe）、銅（Cu）、亜鉛（Zn）、スズ（Sn）、水銀（Hg）、鉛（Pb）、アルミニウム（Al）、金（Au）、銀（Ag）の9種類をいいます。これらの金属の性質や反応性については、ここまでに本書で見てきた通りです。

　一方、レアメタルは図に示した金属です。周期表上に不規則にちらばっていますが、「典型金属」と「遷移金属」に分けてみましょう。典型金族としては、1族のリチウム（Li）、ルビジウム（Rb）、セシウム（Cs）、2族のベリリウム（Be）、ストロンチウム（Sr）、バリウム（Ba）があり、右に進むと13族のホウ素（B）、ガリウム（Ga）、インジウム（In）、タリウム（Tl）、それと、14族のゲルマニウム（Ge）と15族のアンチモン（Sb）、ビスマス（Bi）、16族のセレン（Se）、テルル（Te）の合計15種類があります。

　また、遷移金属としてはチタン（Ti）、ジルコニウム（Zr）、ハフニウム（Hf）、バナジウム（V）、ニオブ（Nb）、タンタル（Ta）、モリブデン（Mo）、タングステン（W）、マンガン（Mn）、レニウム（Re）、コバルト（Co）、ニッケル（Ni）、パラジウム（Pd）、白金（Pt）の14種類と「希土類」があります。

希土類とはレアアースメタルともいい、周期表の3族のうち第7周期のアクチノイドを除いたものであり、スカンジウム（Sc）、イットリウム（Y）とランタノイドをいいます。そしてランタノイドにはランタン（La）からルテニウム（Lu）まで合計15種類の元素があります。つまり、希土類は全部で17種類あることになります。

　したがってレアメタルは、

（典型元素15種類）＋（希土類以外の遷移金属14種類）
＋（希土類元素17種類）＝46種類

ということになります。金属元素と半金属元素の種類の合計は75種類ですから、そのうちの46種類ということは、ほぼ60％になります。つまり、金属元素の60％はレアメタルということになるのです。決してめずらしい種類の金属というわけではありません。

　それではなぜレアメタルと呼ばれるのでしょう？

レアメタル

【表】周期表に見るレアメタル

族周期	1	2	3	4	5	6	7	8	9	10	11	12	13	14	15	16	17	18
1	H																	He
2	Li	Be		＝レアメタル									B	C	N	O	F	Ne
3	Na	Mg											Al	Si	P	S	Cl	Ar
4	K	Ca	Sc	Ti	V	Cr	Mn	Fe	Co	Ni	Cu	Zn	Ga	Ge	As	Se	Br	Kr
5	Rb	Sr	Y	Zr	Nb	Mo	Tc	Ru	Rh	Pd	Ag	Cd	In	Sn	Sb	Te	I	Xe
6	Cs	Ba	ランタノイド	Hf	Ta	W	Re	Os	Ir	Pt	Au	Hg	Tl	Pb	Bi	Po	At	Rn
7	Fr	Ra	アクチノイド	Rf	Db	Sg	Bh	Hs	Mt									
価電子数	1	2											3	4	5	6	7	0

ランタノイド	La	Ce	Pr	Nd	Pm	Sm	Eu	Gd	Tb	Dy	Ho	Er	Tm	Yb	Lu
アクチノイド	Ac	Th	Pa	U	Np	Pu	Am	Cm	Bk	Cf	Es	Fm	Md	No	Lr

10-2　なぜレアといわれるの？

　10-1の図は、周期表にしたがってレアメタルを示したものです。ここになにか規則性を見いだすことはできるでしょうか？　周期表は元素を化学的、科学的性質によって分類したものです。レアメタルがその周期表と無関係にちらばっているということは、レアメタルの定義が科学的なものではない、ということを端的に示しているものといえます。

　レアメタルとは、その名の通り希少（レア）な金属です。それではレアとはどういうことでしょうか？　元素が地殻中にどれくらいの濃度で存在するかを示した指標に「**クラーク数**（1-3参照）」というものがあります。元素の地殻での存在割合をppmで表したものです。クラーク数を見ると銅は存在順位が25番目の元素ですが、人類は古くから利用し、歴史上に青銅時代というエポックを築きました。日常生活を見ても床の間の置物、公園のモニュメント、お寺の鐘、電線と至るところに存在します。

　ところが24番目の元素である**バナジウム**（V）は、ふつうの市民生活をしているかぎり、ほとんど目にすることはありません。たまにめずらしい食べ物としてホヤを食べるときに、ホヤにはバナジウムが濃縮されているということを思いつく程度です。もっともそんなことを思いつくのは風変わりな化学者くらいなもので、健全な一般市民がそのようなことに気づくわけもありません。

　地殻での存在量の少ない銅は身の周りにふんだんにあって、コモンメタルなのに銅よりも存在量は多いはずのバナジウムはほとんど目にすることはなく、レアメタルです。これは、銅は量は少ないのですが鉱床をつくるので、発見、採掘しやすいためなので

す。それに対して、バナジウムは鉱床をつくらず、地殻に広く薄くちらばって存在します。そのため、採掘、利用しにくいのです。

この事情がレアメタルの定義を物語っています。すなわち、レアメタルとは存在量が希少ということだけではないのです。レアメタルとは、

 ①存在量が少ない
 ②鉱床をつくらず、広く薄く存在するので採掘しにくい
 ③特定の地域、国にかたよって存在する
 ④鉱物から取りだし、精製することが困難である

という条件のうち、どれか1つ以上を満たしている金属のことをいいます。そして現在、一般にレアメタルというときには、もう1つ第5番目の条件がつきます。

 ⑤現代産業に欠かせない金属である

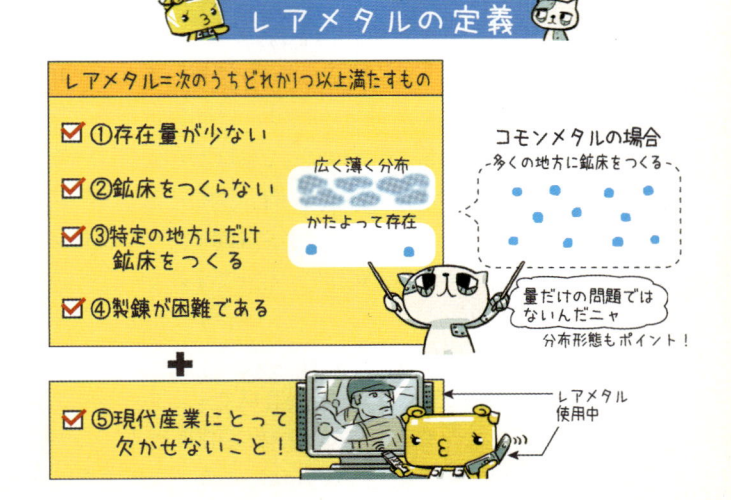

レアメタルの定義

レアメタル＝次のうちどれか1つ以上満たすもの

☑ ①存在量が少ない
☑ ②鉱床をつくらない
☑ ③特定の地方にだけ鉱床をつくる
☑ ④製錬が困難である

広く薄く分布
かたよって存在

コモンメタルの場合
多くの地方に鉱床をつくる

量だけの問題ではないんニャ
分布形態もポイント！

＋

☑ ⑤現代産業にとって欠かせないこと！

レアメタル使用中

10-3 典型金属の レアメタルⅠ

レアメタル個々の性質を見ていきます。いくつかに分類したほうが整理しやすいでしょう。典型金属と遷移金属に分けてみるのはどうでしょうか? ここでは典型金属レアメタルのうち、1族と2族の性質を見てみましょう。

①1族: リチウム、ルビジウム、セシウム

リチウム (Li): 1族のアルカリ金属で、銀白色でやわらかい金属ですが、空気中では窒素と反応して窒化リチウム (Li_3N) となり、黒くなります。比重が0.53しかなく、最も軽い金属です。アルミニウムに混ぜたアルミニウム—リチウム合金は、軽くて強いので航空機に用いられます。また小型軽量で大容量のリチウムイオン電池にも用いられます。

ルビジウム (Rb): 白色のやわらかい金属ですが、蒸気は青色です。炎色反応は深紅色で、花火に用いられます。ルビジウムを混ぜたガラスは絶縁性にすぐれているため、ブラウン管などに用いられます。原子時計にも用いられています。

セシウム (Cs): 融点が28.4℃なので、それ以上の気温の日には液体になります。同位体の1つである^{133}Csはもっとも正確な原子時計に用いられています。^{137}Csは核分裂生成物であり、原子炉でつくられる人工元素ですが、放射性でγ線をだすのでがん治療などに用いられます。

②2族: ベリリウム、ストロンチウム、バリウム

ベリリウム (Be): 銀灰色の軽くて硬い金属です。宝石のエメラルドやアクアマリンに含まれます。質量数は9と小さく、中性子を吸収しにくいので原子炉の中性子減速材、反射材として用いら

れます。そのため、核兵器関係の戦略物資の1つになっています。

ストロンチウム (Sr)：赤い炎色反応を示すので花火に用いられます。天然に存在するストロンチウムの質量数は88ですが、ウランが核分裂すると質量数90の^{90}Srを生成します。^{90}Srはβ線をだします。カルシウムと同族元素で性質が似ているので、骨に集まって蓄積します。そのため、非常に危険な放射性元素といえます。

バリウム (Ba)：銀白色のやわらかい金属です。ほかの金属酸化物から酸素を奪う還元剤、また、合金として車両の軸受け材に用いられます。硫酸バリウム（$BaSO_4$）としてレントゲン写真の造影剤に用いられるのでおなじみです。

典型金属のレアメタル①

1族の利用例

リチウム (Li)
- 航空機
- リチウムイオン電池

ルビジウム (Rb)
- ブラウン管テレビ

2族の利用例など

ベリリウム (Be)
- エメラルド
- アクアマリン

ストロンチウム (Sr)
- 花火

バリウム (Ba)
- 胃バリウム検査

10-4 典型金属の レアメタルⅡ

典型金属のレアメタルのうち、13族以降を見てみましょう。

③ 13族：ホウ素、ガリウム、インジウム、タリウム

ホウ素（B）：黒色で非常に硬い固体（硬度9.3）ですが、炭化ホウ素（B_4C）はさらに硬く（14）、ダイヤモンド（15）に次ぐ硬さです。酸化ホウ素を混ぜたガラスは熱膨張率が小さく、熱しても割れない耐熱ガラスとして、理化学実験や調理器具に用いられます。ホウ酸（H_3BO_3）は殺菌剤やゴキブリの殺虫剤に用いられます。

ガリウム（Ga）：単体では金属ですが、少量の他元素を混ぜると半導体となります。窒素との化合物、窒化ガリウム（GaN）は青色発光ダイオードに含まれる金属として有名です。

インジウム（In）：液晶パネルなどに用いられる透明電極、ITO電極の原料として重要な金属です。

タリウム（Tl）：非常に毒性の強い金属です。かつては殺鼠剤、脱毛剤などに利用されていました。

④ 14族：ゲルマニウム、

ゲルマニウム（Ge）：半導体であり、かつては増幅機能を有する半導体であるトランジスタの原料に用いられました。

⑤ 15族：アンチモン、ビスマス

アンチモン（Sb）：同じ15族のヒ素（As）と同様に有毒な金属です。酸化物の三酸化アンチモン（Sb_2O_3）をプラスチックに混ぜると燃えにくくなることから、難燃剤として用いられますが、毒性があることから使われなくなりつつあります。

ビスマス（Bi）：鉛の代替品としてハンダに用いられます。ビスマス—ストロンチウム—カルシウム—銅—酸素の合金は、超伝導を

示す金属として超伝導磁石などに利用されています。

⑥ 16族：セレン、テルル

セレン（Se）：灰色の固体であり、人体の必須元素ですが、大量に摂るとガン、高血圧、白内障の原因になるといわれています。アモルファスセレンはテレビなどの撮像管(さつぞうかん)に用いられます。二酸化セレンは有機化学における酸化剤として用いられます。

テルル（Te）：熱を与えることによりアモルファス状態になったり、結晶状態になったりします。このような変化を氷と水の変化と同様に「相変化(そうへんか)」といいます。

典型金属のレアメタル②

13族の利用例

ホウ酸（B）
耐熱ガラス
ホウ酸団子

ガリウム（Ga）
青色発光ダイオード

インジウム（In）
薄型ディスプレイ

青くてきれいだビー

15族の利用例

ビスマス（Bi）
MRI

16族の利用例

セレン（Se）
テレビカメラ

テルル（Te）
DVD-RAM

10-5 遷移金属のレアメタルⅠ

遷移金属のレアメタルのうち、5族までを見てみましょう。

①第4族：チタン、ジルコニウム、ハフニウム

チタン (Ti)：クラーク数 (1-3参照) は10位であり、地殻中に酸化チタン (TiO_2) として豊富に存在します。しかし単離するのが困難であり、実用化されたのは1950年代に入ってからでした。

軽くて強く、耐熱性にすぐれているため、合金として航空機やロケットなどに用いられます。また、メガネのレンズ用のガラスに混ぜて、屈折率を上げる用途にも使われます。

酸化チタンは光触媒として抗菌、汚染除去、ガラスのくもり防止などに使用されます。また、その粉末は肌を白く見せるため、化粧品にも用いられます。

ジルコニウム (Zr)：模造ダイヤモンドとして使われるジルコン ($ZrO_2 \cdot SiO_2$) の原料です。ジルコンは比重4.7 (ダイヤは3.5)、硬度7.5 (ダイヤ15) ですが無色透明であり、屈折率は1.95とダイヤモンドに近く、ダイヤに似た輝きがあります。

また酸化ジルコン (ZrO_2) を焼結したものは、耐熱性にすぐれたファインセラミックスとして用いられます。

ハフニウム (Hf)：中性子を吸収する性質が強いので、原子炉の制御棒に使われます。

②5族：バナジウム、ニオブ、タンタル

バナジウム (V)：バナジウムを混入したチタン合金は、工業的に使われるチタン合金の80%を占めます。酸化バナジウム (VO_5) は有機化合物を酸化する触媒として用いられます。

ニオブ (Nb)：チタンとの合金、あるいはニオブ—アルミニウム—

スズの合金は超伝導材料として用いられます。電解コンデンサーの材料にもなります。

タンタル（Ta）：人体に無害な金属なので人工歯根（インプラント）に使われます。また、電解コンデンサー、レーザー素子、携帯電話の周波数フィルターなど、電子機器の部品材料として重要なはたらきをしています。

遷移金属のレアメタル①

4族の利用例

チタン（Ti）
- 航空機
- ロケット
- 光触媒アートフラワー（造花）／室内の雑菌・消臭
- 化粧品／UVケア

ジルコニウム（Zr）
- 模擬ダイヤモンドなど

ハフニウム（Hf）
- 原子炉の制御棒
- 中性子数を制御して核反応の速度を操る

5族の利用例

バナジウム（V）
- チタン合金にはバナジウムも使われる（工業用チタン合金の80%がバナジウム混）

タンタル（Ta）
- レーザー素子

ニオブ（Nb）
- リニアモーターカー

合金Ⅱ！

10-6 遷移金属の
レアメタルⅡ

遷移金属のレアメタルで残っているものを見てみましょう。

③6族：モリブデン、タングステン

モリブデン（Mo）：モリブデンをステンレスに0.1〜0.5%混ぜた鉄―クロム―モリブデン合金（モリブデン鋼）は各種機械、航空機などに用いられます。現在、モリブデンの約90%がこの用途に使われています。

タングステン（W）：硬く、重く（比重19.3）融けにくい（融点3,410℃）金属です。ダイヤモンドの次に高い硬度を誇る炭化タングステン（WC）を用いた超硬合金は、各種切削工具に用いられます。

④7族：マンガン、レニウム　9族：コバルト

マンガン（Mn）：マンガンは深海底にマンガン団塊として大量に存在することが発見されています。マンガンはマンガン乾電池（乾電池）やアルカリ乾電池に用いられます。

レニウム（Re）：レニウムは、天然元素の中で最後に発見されたものです。融点3,180℃、硬度7、比重21.0と、重く、硬く、溶けにくい金属です。合金に添加して性能を向上させます。石油精製の触媒に用いると、ガソリンのオクタン価が上がります。

コバルト（Co）：コバルトは、磁気ディスクから情報を読み取るための磁気ヘッドに使われます。陶磁器の青い釉薬としても知られています。天然に存在するコバルトの質量数は59ですが、人工的につくりだした質量数60の^{60}Coは放射性でγ線をだします。このγ線はジャガイモの発芽を抑える用途にも使われています。

⑤10族：ニッケル、パラジウム、白金

ニッケル（Ni）：ニッケルは、銅に25%混ぜられて白銅という合金

をつくります。白銅は硬貨に使われ、日本でも50円、100円硬貨は白銅製です。充電できるニカド電池はニッケルとカドミウムを用いています。また、ステンレスの原料としても用いられます。

パラジウム（Pd）：パラジウムは、水素を体積で900倍も吸蔵することができます。この性質は分子ふるいとして利用されます。すなわち、パラジウムの薄膜を通り抜けるのは水素だけですので、不純物の酸素、窒素などを除くことができるのです。

白金（Pt）：9-7で解説した通りです。

遷移金属のレアメタル②

6族の利用例
モリブデン（Mo）
モリブデン鋼 / 航空機

7族の利用例
マンガン（Mn）
乾電池

9族の利用例
コバルト（Co）
うわぐすり / ^{60}Co α線 → 発芽抑制 / 食品照射

日本で食品照射が認められているのはジャガイモだけニャ

10族の利用例
ニッケル（Ni）
100円硬貨 / 50円硬貨

パラジウム（Pd）
H_2 →　→ H_2
O_2 →
N_2 →
分子ふるい

水素を900倍吸蔵できるブ！

10-7 レアアースメタルの用途

3族の元素のうち、第7周期（周期表の最も下）のアクチノイド系列を除いた金属、スカンジウム、イットリウム、ランタノイドを「**希土類（レアアースメタル）**」といいます。

スカンジウム（Sc）：メタルハライドランプに用いられます。電球にスカンジウムとナトリウムを封入（ふうにゅう）したランプは、明るく消費電力が少なく、そのうえ寿命が長いので、各種スポーツ施設などの照明に用いられます。

イットリウム（Y）：歴史上最初に発見された希土類です。しかしそれは単一の元素ではなく、多くの希土類、つまりランタノイドの混合物でした。イットリウムが単離されたのは、発見から50年後の1843年でした。イットリウムはレーザー発振体、永久磁石の原料に用いられ、またユーロピウム（Eu）などを加えた酸化物は、カラーテレビの赤色蛍光体（せきしょくけいこうたい）として用いられます。

ランタノイド（Ln）：元素の名前ではなく、15種類の元素の集合体の名前です。遷移元素が互いに似た性質をもっていることは先に見た通りです。ところが、ランタノイド元素は互いにもっと似ているのです。これは人間にたとえれば、

・電子が増えるごとにスーツが変わるのが典型元素

・電子が増えるごとにシャツの変わるのがふつうの遷移元素

ですが、ランタノイドでは

・電子が増えるごとに下着が変わる

ようなもので、その違いを指摘するのは困難です。そのため、15種類のランタノイドを相互に分離することは大変難しいのです。

ランタノイド元素は分離して単体として用いることもあります

が、数種類のランタノイドが混じった状態で使うこともあります。

ランタノイド元素について、ざっと紹介しておきましょう。

ランタン（La）は水素吸蔵合金に使われます。**セリウム**（Ce）は最初に発見された希土類です。ガラスに混ぜると紫外線吸収ガラスとなります。**ネオジム**（Nd）―鉄―ホウ素合金は最強の永久磁石に、**サマリウム**（Sm）―コバルト合金も強力な磁石になります。このように希土類を用いた磁石を「**希土類磁石**」といいます。

ユウロピウム（Eu）はブラウン管や液晶表示の赤色蛍光体として用いられます。**ジスプロシウム**（Dy）はひと晩中輝き続けることのできる蛍光塗料に含まれます。**ホルミウム**（Ho）から発振されたホルミウムレーザーは熱が少ないので、手術のレーザーメスに用いられます。**ルテチウム**（Lu）は希土類の中で最後に発見された元素であり、用途はこれからの開発次第です。

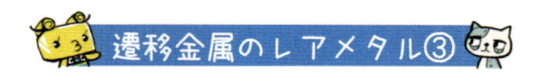

遷移金属のレアメタル③

希土類の利用例

スカンジウム（Sc） — メタルハライドランプ

イットリウム（Y） — レーザー

ランタノイド（Ln） — 希土類磁石

ランタノイドの類似性

遷移元素同士よりも高い類似性をランタノイド同士はもっている

- 典型元素 — スーツが違う
- 遷移元素 — シャツが違う
- ランタノイド — 下着が違う（そっくり）

10-8　レアメタルの将来

　金属は固体で硬く、重く、建物の芯をつくり、道路をつくり、ダムをつくり、列車や自動車の骨格をつくり、窓枠をつくり、銅像をつくり、スプーンをつくり、ネックレスをつくり、というぐあいに、誰が見ても金属製品とわかるものに姿を変えてきました。

　ところがいまや、このイメージは変わったのです。金属はかつての有機物のように形が不明で、はっきり見えず、それでいてどこにでもあって、どこにでもしみ込み、わからないところで力をだしている、なにやら得体の知れないもの、そのようなものに変態してしまったのです。

　テレビにしろ、携帯電話にしろ、薄型テレビにしろ、ファックスにしろ、微小電子機器とでもいうべき各種電子デバイスなくしては成り立ちません。そしてこのようなものは、レアメタルなくしてはありえないまでになっているのです。レアメタルはかつての"産業のビタミン"から"産業の米"にまで成長したのです。

　それではレアメタルは"有る"のでしょうか？　ここが信じられないことに、"無い"、あるいは"無くなるかもしれない"のです。レアメタルの問題はここにあります。"産業"どころか、"社会生活"そのものの生命線をにぎっている**レアメタルは"無くなりつつある"**のです。

　"なんとかしなければならない"のは当然です。しかし、"どうすればよい"のでしょう？　日本はいつまでたっても資源小国です。それだけにこのような問題の解決策をよく知っています。①節約、②再利用、③貯蓄です。しかしレアメタルに関しては、このような手段では難しいようです。

10章　レアメタル

　世界的なレアメタル需要を反映して、価格が高騰しています。それを見て、レアメタル大国といわれる国が、経済問題以外の理由で輸出規制しようとしているようです。何事も価格問題で解決したがる日本にとって、最もイヤな問題が立ちふさがりそうです。さあ、どうしましょう？

　日本にもレアメタル鉱床はあります。関東から東北、北海道にかけて存在する黒鉱（くろこう）です。ここには探せばいろいろなものがありそうです。しかし狭い日本、ドンナニ探したってキリがあります。最後はまたしても人の力です。理工学者の研究心です。"レアメタル以外のもの"を探せばよいのです。

　要求する性能を満たす物質は、現在のところはレアメタルしかないかもしれません。しかし、探せばほかの元素でまにあうところはあるはずです。いや、レアメタルよりもっとふさわしい化合物、合金、複合素材があるはずです。私たちは手もとのカードとして**約90種類の元素**をもっているのです。これらの**組み合わせは無限大**です。その中から最適なものを見つけ、つくりだす。それは将来の理工学者に託された夢でしょう。

レアメタルの将来

日本にもレアメタル鉱床はある！
…けど小さい💧

節約・再利用・貯蓄をがんばりたい！
…けど輸出規制💧

どうするかニャ…

がんばってビ！未来の理工学者！

Hey You!

COLUMN 金属に代わるものは有機物？

　金属と有機物は相反するものと考えがちです。しかし現代では、金属の性質のいくつかは有機物によって再現されています。

　ハサミでもナイフでも切れない、金属より丈夫な有機物があります。現代の防弾チョッキはほとんどがこの有機物でつくられています。かつては、有機物は絶縁性であるといわれました。しかし現在では、伝導性の有機物はたくさん知られています。それどころか、超伝導性の有機物さえたくさん開発されています。

　磁石に吸いつくのは、ある種の金属の特権のようなものでした。いまでは、磁石に吸いつく有機物が数多く開発され、有機物の磁石さえ開発されそうな勢いです。太陽電池も、半導体も有機物製のものが開発されています。実用化も間近と思われます。

　現代の科学産業は金属、特にレアメタルなくしては成り立ちません。重要な機能をもった金属は、ほとんどすべてが希少なレアメタルなのです。レアメタルの代わりになる金属が探し求められています。しかし、レアメタルの代用になるのはほかの金属ではなく、「有機物」なのかもしれません。

　金属も、合金、アモルファス、各種金属化合物として、これまで以上の可能性を開拓することが望まれているといえるでしょう。

第Ⅲ部
その他の金属の種類と性質

11章
その他の金属

ナトリウムは高速増殖炉の熱媒体になります。カリウムは植物の肥料として欠かせませんし、マグネシウムは軽量合金の原料です。ウランやプルトニウムは原子炉の燃料として重要ですし、ルテニウムやオスミウムは化学反応の触媒として欠かせません。

11-1 ナトリウム・カリウム

1族の**ナトリウム** (Na)、**カリウム** (K) は1価の陽イオンとなります。水と爆発的に反応して「強塩基」となります。

ナトリウム (Na)

ナトリウムはやわらかい銀白色の金属ですが、空気中では酸化されて、すぐに肌色の酸化皮膜でおおわれます。そのため、石油中に保存して酸化を防ぎます。比重は0.97で水より軽く、融点は97.8℃で水の沸点より低いです。食塩の溶融電解によってつくります。生体の必須元素であり、動物では神経の情報伝達に大きなはたらきをしています。

ナトリウムは食塩 (NaCl) の成分として身近にあり、グルタミン酸ナトリウムとして「味の素」となり、**炭酸水素ナトリウム** ($NaHCO_3$) は「重曹」とも呼ばれ、ベーキングパウダーに使われます。**硫酸ナトリウム** (Na_2SO_4) は石膏であり、結晶水を吸うと体積が膨張して固まるので、塑像をつくるのに用います。また建材の石膏ボードとして天井板などに使われます。また、ナトリウムランプとして照明器具にも使われます。

ナトリウムは高速増殖炉の熱媒体 (冷却材) に用いられます。高速増殖炉とはプルトニウム (^{239}Pu) を燃料として核分裂エネルギーを取りだすと同時に、^{238}U を燃料のプルトニウムに変える、すなわち使った燃料以上の燃料を産みだす魔法の原子炉なのです。高速増殖炉の問題点は媒体に水を使うことができないということです。高速増殖炉で熱媒体として使うことのできるものはナトリウムやカリウムにかぎられるのです。しかし、ナトリウムやカリウムは水と爆発的に反応するなど、取り扱い注意の金属です。

カリウム（K）

カリウムは、やわらかい銀白色の金属です。空気中ではただちに酸化され、湿気があると自然発火するため石油中に保存します。生体必須元素であり、動植物の生理調節に重要なはたらきをします。窒素（N）、リン（P）と共に「植物の三大栄養素」の1つです。

酸のカリウム塩はさまざまな場面で利用されています。硫酸カリウム（K_2SO_4）や硝酸カリウム（KNO_3）は肥料となります。硝酸カリウムは火薬の成分としても用いられます。また青酸カリ（KCN）の水溶液は金を溶かすため、金の電気メッキに用いられます。青酸カリは強力な呼吸毒ですが、それは6-9で一酸化炭素の毒性で見たのと同様に、青酸イオン（CN^-）がヘモグロビン中の鉄に不可逆的に結びつくからです。

ちなみに、水酸化カリウム（KOH）は代表的な強塩基です。

その他の金属の利用例①

ナトリウム（Na）
- ナトリウムランプ
- 高速増殖炉（Naで冷却）

カリウム（K）
- リン（P）、窒素（N）、カリウム（K）（植物の三大栄養素の1つ）
- 火薬（KNO_3）

いよいよ最終章！よーいどん！

残った金属仲間をどんどん紹介するビ！

11-2 神経伝達とナトリウムチャネル

　ナトリウムとカリウムは、**神経細胞における情報伝達**に大きなはたらきをしています。

　脳と筋肉の間を始め、生体における情報伝達は神経伝達を通じて行われます。神経細胞は核のある細胞部分と、それから延びる長い軸索からできています。そして軸索の端と細胞部分には多くの樹状突起がでています。神経細胞同士はこの樹状突起をからませるようにして連結しています。樹状突起の連結部分を「**シナプス**」といいます。

　神経情報の伝達は多くの神経細胞を介して行われます。1個の神経細胞を通過した情報は、シナプスを飛び越えて次の神経細胞に届き、軸索を通ってまた次の神経細胞に伝わります。このように情報伝達は細胞内での伝達と、細胞間の伝達という2種類の伝達を通して行われます。

　たとえていえば、細胞内の伝達は軸索という電話線を使っての電話連絡です。それに対して、細胞間には電話線が引いてないので手紙での連絡となります。この手紙に相当するのが「**神経伝達物質**」という分子です。「**アセチルコリン**」とか「**セロトニン**」とか、いくつかの種類が知られています。

　軸索を伝わってきた情報が軸索の樹状突起に達すると、そこから神経伝達物質が放出されます。この物質がシナプスを泳動して、次の神経細胞の細胞部分の樹状突起に結合します。するとこれを契機にして、次の細胞内を情報が走りだすのです。

　それでは、軸索内での情報伝達はどのようにして行われるのでしょうか？　ここで活躍するのが**カリウムイオン**（K^+）と**ナトリウ**

11章　その他の金属

ムイオン（Na^+）です。K^+は大部分が細胞内に入っています。それに対してNa^+はおもに細胞外にあります。しかし、両者は細胞内に出入りすることがあります。軸索の細胞膜にこれらのイオンが出入りするための門があります。これを「**ナトリウムチャネル**」といいます。チャネルは細胞膜に埋め込まれたタンパク質からできています。

情報伝達はイオンの出入りを通じて行われます。情報が来るとK^+が細胞外にでて、代わってNa^+が入ってきます。すると細胞膜を通じた細胞内外の電位差が変化します。これを「**脱分極**」といい、これが情報なのです。この変化は軸索の次の部分に感知され、その部分でイオンの入れ替えが起こります。すると先ほどの部分ではNa^+が外にでて、K^+が戻って、もとの状態に戻ります。これを「**再分極**」といいます。このような変化が次々と連続して、情報が伝播していくのです。

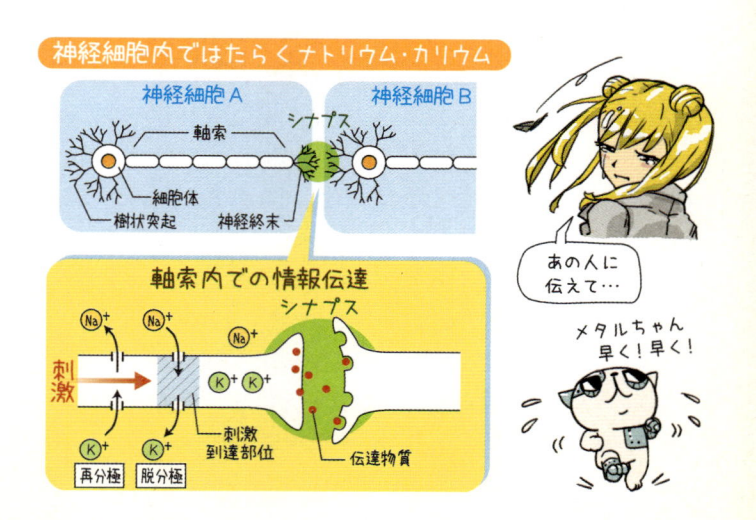

神経細胞内ではたらくナトリウム・カリウム

神経細胞A　　シナプス　　神経細胞B

軸索
細胞体
樹状突起　神経終末

軸索内での情報伝達
シナプス

刺激　→　Na^+　Na^+　Na^+
　　　　　　　　　　K^+
K^+　K^+
再分極　脱分極
刺激到達部位
伝達物質

あの人に伝えて…

メタルちゃん
早く！早く！

11-3 マグネシウム・カルシウム

2族のマグネシウム (Mg)、カルシウム (Ca) は2価の陽イオンになります。熱水と反応して水素を発生します。

マグネシウム (Mg)

マグネシウムは銀色の金属です。海水中には塩化マグネシウム ($MgCl_2$) 硫酸マグネシウム ($MgSO_4$) などとしてたくさん含まれています。ニガリはこれらの成分を濃縮したもので、豆腐の凝固剤に使われます。マグネシウムは植物のクロロフィルに含まれ、光合成に大きなはたらきをします。

またマグネシウムは、燃えると閃光を放つため、以前は写真撮影のフラッシュとして用いられました。

比重は1.74と、実用金属の中では最も軽いです。そのため、アルミニウムや亜鉛に混ぜて軽量合金とし、携帯電話やノート型パソコンなどのケースに用いられます。有機化学反応で重要なグリニャール試薬をつくるのにも用いられます。

カルシウム (Ca)

銀白色のやわらかい金属です。カルシウムは石灰岩に炭酸カルシウム ($CaCO_3$) として含まれています。酸化カルシウム (生石灰) CaO は乾燥剤として用いられますが、水と反応すると消石灰 ($Ca(OH)_2$) になります。この反応は発熱反応であり、火事の原因になることもあるので注意が必要です。

サラシ粉 ($CaCl(ClO)H_2O$) は水に溶けると塩素 (Cl_2) を発生しますので、水道水の消毒や漂白に用いられます。セメントは石灰 (生石灰や消石灰) や石膏 ($CaSO_4$) を粉砕して焼いたものです。

カルシウムは生体の必須元素で、成人には約1kgのカルシウム

が含まれていますが、その90％以上は骨や歯に**リン酸カルシウム**（$Ca_3(PO_4)_2$）や**炭酸カルシウム**（$CaCO_3$）として存在します。カルシウムはホルモンがはたらくための重要な鍵をにぎる物質です。骨は体内におけるカルシウムの貯蔵施設でもあり、体内でカルシウムが不足すると溶けだして、それを補います。

骨を構成するリン酸カルシウムは複雑な組成をもつ「**ハイドロキシアパタイト**」となっています。この物質は人工的に合成することができ、生体との親和性が高いため、人工骨、インプラントなどの人工歯根として用いられます。

その他の金属の利用例②

マグネシウム（Mg）

葉緑素（クロロフィル）で光合成のはたらきをする

マグネシウムフラッシュ
パシャ

カルシウム（Ca）

乾燥剤

ハイドロキシアパタイト（骨の主成分）

人工骨

人工歯の材料

火事の原因になるので注意
$CaO + H_2O \rightarrow Ca(OH)_2$
発熱

11-4 テクネチウム・ルテニウム・オスミウム・イリジウム

テクネチウム（Tc）は7族であり、**ルテニウム**（Ru）と**オスミウム**（Os）は8族、**イリジウム**（Ir）は9族です。いずれも遷移金属です。

テクネチウム（Tc）

テクネチウムは原子番号43であり、大きさからいうと中くらいの原子ですが、自然界には存在しません。半減期（450万年）が短すぎて、すべてほかの元素に変わってしまったのです。そのため、「サイクロトロン」という$α$粒子などを加速してほかの原子核に衝突させる機械を用いて「重陽子（重水素の原子核）」をモリブデンに衝突させることにより、人工的につくられました。

このようにしてつくられたテクネチウムも安定性は低く、半減期約6時間で$β$崩壊して**ルテニウム**（Ru）になります。この性質を用いて、骨や肝臓の異常を調べる放射線診断薬として用います。

ルテニウム（Ru）

ルテニウムはパソコンなどのハードディスクの容量を増やすことに用いられます。記録文字にあたるビットサイズを小さくすると記録は熱的に不安定になりますが、ルテニウムの超常磁性効果がその不安定性を解消してくれるの。

ルテニウムは有機化学における「不斉合成」の触媒としても用いられます。有機化合物ではアミノ酸のD体とL体のように右手と左手の関係にある「光学異性体」が存在します。ふつうに合成するとD体とL体が1：1の比で生成します。その片方だけを優先的に合成することを不斉合成といい、大変に難しい技術です。ルテニウムを用いたこの触媒開発で2人の科学者（2001年野依良治博士、

2005年グラブス博士)がノーベル賞を受けています。

オスミウム (Os)

オスミウムは比重が22.59で最も重い元素です。硬度7の硬い金属であり、白金などとの合金は万年筆のペン先に用いられます。酸化物の四酸化オスミウム (OsO_4) はニンニク臭のある物質ですが、有機化学における酸化触媒として重要なものです。

イリジウム (Ir)

イリジウムは比重が22.56で、オスミウムに次いで重い元素です。硬度6.5と硬いので、白金との合金にして万年筆のペン先などに用いられます。メートル原器とキログラム原器は白金90%、イリジウム10%の合金です。また耐熱性にもすぐれているため、自動車の点火プラグや、工業用の坩堝などにも用いられます。

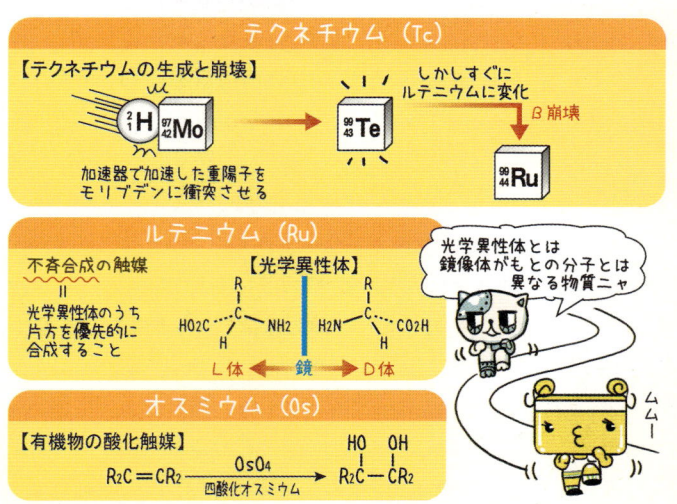

その他の金属の利用例③

テクネチウム (Tc)

【テクネチウムの生成と崩壊】

加速器で加速した重陽子をモリブデンに衝突させる → ^2_1H + $^{97}_{42}Mo$ → $^{99}_{43}Te$ → (しかしすぐにルテニウムに変化、β崩壊) → $^{99}_{44}Ru$

ルテニウム (Ru)

不斉合成の触媒
＝
光学異性体のうち片方を優先的に合成すること

【光学異性体】

L体 ←鏡→ D体

光学異性体とは鏡像体がもとの分子とは異なる物質ニャ

オスミウム (Os)

【有機物の酸化触媒】

$R_2C=CR_2 \xrightarrow[\text{四酸化オスミウム}]{OsO_4} R_2\overset{HO}{C}-\overset{OH}{C}R_2$

11-5 カドミウム・ポロニウム

カドミウム (Cd) は12族、ポロニウム (Po) は16族です。ともに典型元素です。

カドミウム (Cd)

カドミウムは融点が低く (321℃)、やわらかい (硬度2) 金属です。富山県で起こった公害汚染「イタイイタイ病」の原因物質としてよく知られています (4-5参照)。カドミウムは同じ族の亜鉛と性質がよく似ているため、亜鉛の鉱石に混じって産出します。亜鉛は生体の必須金属ですが、カドミウムが体内に入ると性質が似ているだけに亜鉛のはたらきを阻害するものと思われます。

カドミウムは「ニカド電池」として充電可能な二次電池に使われていますが、その有毒性のために、ほかの金属に変えようとの試みがなされています。「カドミウムイエロー」の名前で黄色の絵の具にも用いられましたが、これも製造中止になりました。

中性子を吸収する作用があるため、原子炉の制御棒の原料として用いられます。

ポロニウム (Po)

ポロニウムは融点が低く (254℃)、揮発しやすい金属です。キュリー夫妻が発見し、故国ポーランドにちなんで命名したといいます。しかしポロニウムが有名なのはその毒性のためです。半減期138日でα崩壊し、そのため、**致死量は100万分の1g**といわれます。ポロニウムを使った暗殺事件は4-8で紹介した通りです。ポロニウムは天然にはほとんど存在せず、もっぱら原子炉でつくっています。したがって、研究用以外の用途はないといってもよいでしょう。

液体の金属

　金属のイメージは硬くて重い固体というものではないでしょうか。しかしリチウム（比重0.53）やナトリウム（0.97）のように**水より軽い**ものもあります。またリチウム、ナトリウム、カリウムはナイフで切れるほどやわらかい金属です。液体の金属もあります。水銀は室温で液体ですし、セシウムの融点は28.4℃です。

　液体金属はなにかと便利ですが、水銀は有毒ですし、セシウムは高価です。そこで、液体の合金をつくろうとの研究が行われました。「**ガリンスタン**」（融点-19℃）はその1つです。組成はガリウム68.5％、インジウム21.5％、スズ10％です。合金の「**ウッドメタル**」（融点70℃）もその1つです。

　液体ではありませんがウッドメタルは融点70℃で、開発当初はコーヒーに入れると溶けるスプーンということで、人々を驚かせました。しかし、組成がビスマス50％、鉛26.7％、スズ13.3％、カドミウム10％と、有毒金属が多いため、現在では用いられません。

11-6 アクチノイド

アクチノイドは3族元素ですが、希土類のランタノイドと同様に、15種類の元素の集合です。しかし、自然界に安定に存在するのは原子番号92番のウランまでで、93番のネプツニウム以降は加速器や原子炉を使って人工的につくられた元素であり、特に「超ウラン元素」といいます。すべてのアクチノイドは放射性であり、放射線を放出してほかの元素に変化します。

ウラン (U)

天然ウランの99.3%は^{238}Uであり、原子炉の燃料になる^{235}Uは0.7%にすぎません。^{235}Uを除いた残りの^{238}Uを「劣化ウラン」といい、弾薬に用います。^{235}Uは原子爆弾の原料にもなり、広島に落とされた原爆(通称リトルボーイ)はこれを用いたものでした。

現在は製造されていませんが、ガラスにウランを入れたものは「ウランガラス」と呼ばれ紫外線をあてると緑色の蛍光をだします。

プルトニウム (Pu)

プルトニウム(Pu)はウランの核分裂生成物として原子炉の中で生産されます。^{238}Uに中性子が衝突して生成したものです。プルトニウムはウランと同様に原子爆弾の原料になります。濃縮しないと使えないウランに対して、プルトニウムは核反応生成物から化学的な手段で分離できますので、使いやすい原料といえます。そのため、現在の原子爆弾はプルトニウムを用いています。長崎に落とされた原爆(通称ファットマン)はプルトニウム型でした。

プルトニウムは高速増殖炉の燃料としても期待されています。

トリウム (Th)

トリウム(Th)はウランやプルトニウムと同様に、核燃料に使

うことができます。クラーク数はウランの0.0004%に対して0.0012%であり、約3倍の埋蔵量があります。しかも燃料になる同位体はほぼ100%ですから、濃縮の必要もありません。このため、将来の核燃料として期待されています。トリウムの埋蔵量が豊富なインドでは、トリウムを用いた原子炉の開発が進められています。

その他のアクチノイド

アクチニウム（Ac）には研究用以外の用途はありません。**プロトアクチニウム**（Pa）も同様です。**ネプツニウム**（Np）は最初につくられた超ウラン元素であり、原子力電池に使われます。原子番号95番はアメリカでつくられた原子であり、**アメリシウム**（Am）と名づけられました。これは煙探知機に用いられます。

これ以降の元素は研究用の用途しかありませんので、本書で紹介するのはここまでにしましょう。

索　引

あ

亜鉛	62、80、158〜159
アクチノイド	92、210
アマルガム	161〜163、170
アモルファス	38
アルカリ金属元素	26、52、92
アルカリ土類金属	26、53、92
アルミニウム	58、142〜149、178
アンチノッキング	154
イオン	22
イオン化傾向	63
イオン結合	32、34
ウラン	20、108、210
塩基	72
炎色反応	150
延性	34
王水	62、162
オーステナイト相	100、120
オクタン価	154

か

化学結合	32
核融合反応	10
活性水素	67
価電子	23、28
カドミウム	82、208
カリウム	52、74、201、202
カルシウム	74、204
還元剤	56、58
希ガス元素	26、32
基底状態	48
希土類	29、93、96、182、194
共有結合	32
金	166〜174
銀	172、174〜177
金属結合	32
金属疲労	50
金箔	168
クラーク数	14、184
クロム	80
軽金属	82、94
形状記憶合金	100、158
系列	106
結合	32
結晶	34、36、38
結晶型	36
原子	10、12
原子核	18
原子核反応	88、104
原子番号	18
元素	12、14、182
元素記号	18
合金	96、98
硬水	76、78
鋼鉄	118
合金	98
コバルト	60、81、192
コモンメタル（汎用金属）	96、182

さ

最外殻電子	22、28
錆び	54
酸化還元反応	56、60、63
酸化	54、56、90
三元触媒	178
三重結合	32
酸素族	26
磁気モーメント	44
磁性	44
質量数	18
周期性	26
周期表	12、24
重金属	82、94
自由電子	32、40
触媒	66
真鍮	98、158
水銀	48、82、160〜164

水酸化物	54
水素	10、20、67
水素吸蔵合金	102
スズ	156～157
ステンレス	98、122
制振合金	103
静電引力	34
青銅	98、136、156
精錬	56、116
接触還元	66
遷移	48
遷移元素（遷移金属）	28、92、182
銑鉄	116、118
族	26
素粒子	16

た

体心立方構造	36
太陽電池	68
踏鞴製鉄	124
タリウム	84、86、188
単結合	32
炭素族	26
窒素族	26
中性子	18
鋳鉄	118
超ウラン元素	93、107、210
超塑性合金	102
超弾性合金	101
超伝導状態	42
鉄	54、58、112～130、114、116
テルミット	58
電気分解	70、142
電気メッキ	70、157
典型元素	28、92、182
電子雲	16
電子殻	22
電子対	44
展性	34
伝導性	38
銅	62、132～141
同位体	20
トリウム	210

な

内部エネルギー	65
ナトリウム	48、52、74、200、202
ナノメートル	16
鉛	46、86、152～155
軟水	76、78
二重結合	32
燃料電池	68

は

バイヤー法	142
白金	172、178
バナジウム	80、184
パラジウム	173、193
ハロゲン	26
半減期	105
半導体	12、69
光	48
比重	94
非晶質固体	38
ヒ素	83、84
必須元素	80
微量元素	80
フェーリング反応	138
不対電子	44
物質	12
不動態	54、144
プラチナ	172、178
プルトニウム	108、210
ブロンズ	98、136、156
閉殻構造	22
ヘム	128
ヘモグロビン	128
ヘリウム原子	10
放射能	104
ホウ素	46、188
ホウ素族	26
ボーキサイト	142
ホール・エール法	143
ボルタ電池	64、139
ポロニウム	88、208
ホワイトゴールド	178

ま		ら	
マグネシウム	204	ランタノイド	92、194
マルテンサイト相	100、120	リチウム	22、186
マンガン	81	立方最密構造	36
ミネラル	74、78	臨界温度	42
無機化合物	74	レアアースメタル	29
面心立方構造	36	レアメタル（希少金属）	96、182、196

や			
焼き入れ	120	励起状態	48
焼き戻し	120	緑青	54、132
有機化合物	74	六方最密構造	36
陽子	18		

わ	
和銑	58、124

《 参 考 文 献 》

『アトキンス物理化学（上・下）』第6版	P.W.Atkins著、千原秀昭ほか訳 （東京化学同人、2001年）
『シュライバー無機化学（上・下）』	D.F.Shriver, P.W.Atkins著、玉虫伶太ほか訳 （東京化学同人、1996年）
『希土類物語』	足立研究室 （産業図書、1991年）
『希土類の話』	鈴木康雄 （裳華房、1998年）
『よくわかる最新金属の基本と仕組み』	田中和明 （秀和システム、2006年）
『よくわかる最新レアメタルの基本と仕組み』	田中和明 （秀和システム、2007年）
『絶対わかる物理化学』	齋藤勝裕 （講談社、2003年）
『絶対わかる無機化学』	齋藤勝裕、渡会仁 （講談社、2003年）
『物理化学』（わかる化学シリーズ2）	齋藤勝裕 （東京化学同人、2005年）
『無機化学』（わかる化学シリーズ3）	齋藤勝裕、長谷川美貴 （東京化学同人、2005年）
『理系のためのはじめて学ぶ化学（物理化学）』	齋藤勝裕 （ナツメ社、2007年）
『理系のためのはじめて学ぶ化学（無機化学）』	齋藤勝裕 （ナツメ社、2007年）

サイエンス・アイ新書 発刊のことば

science・i

「科学の世紀」の羅針盤

　20世紀に生まれた広域ネットワークとコンピュータサイエンスによって、科学技術は目を見張るほど発展し、高度情報化社会が訪れました。いまや科学は私たちの暮らしに身近なものとなり、それなくしては成り立たないほど強い影響力を持っているといえるでしょう。

　『サイエンス・アイ新書』は、この「科学の世紀」と呼ぶにふさわしい21世紀の羅針盤を目指して創刊しました。情報通信と科学分野における革新的な発明や発見を誰にでも理解できるように、基本の原理や仕組みのところから図解を交えてわかりやすく解説します。科学技術に関心のある高校生や大学生、社会人にとって、サイエンス・アイ新書は科学的な視点で物事をとらえる機会になるだけでなく、論理的な思考法を学ぶ機会にもなることでしょう。もちろん、宇宙の歴史から生物の遺伝子の働きまで、複雑な自然科学の謎も単純な法則で明快に理解できるようになります。

　一般教養を高めることはもちろん、科学の世界へ飛び立つためのガイドとしてサイエンス・アイ新書シリーズを役立てていただければ、それに勝る喜びはありません。21世紀を賢く生きるための科学の力をサイエンス・アイ新書で培っていただけると信じています。

2006年10月

※サイエンス・アイ(Science i)は、21世紀の科学を支える情報(Information)、知識(Intelligence)、革新(Innovation)を表現する「i」からネーミングされています。

SoftBank Creative

science・i

サイエンス・アイ新書
SIS-069

http://sciencei.sbcr.jp/

金属のふしぎ
地球はメタルでできている!
楽しく学ぶ金属学の基礎

2008年6月24日 初版第1刷発行

著 者	齋藤勝裕
発行者	新田光敏
発行所	ソフトバンク クリエイティブ株式会社
	〒107-0052 東京都港区赤坂4-13-13
	編集：サイエンス・アイ編集部
	03(5549)1138
	営業：03(5549)1201
装丁・組版	クニメディア株式会社
印刷・製本	図書印刷株式会社

乱丁・落丁本が万が一ございましたら、小社営業部まで着払いにてご送付ください。送料小社負担にてお取り替えいたします。本書の内容の一部あるいは全部を無断で複写（コピー）することは、かたくお断りいたします。

©齋藤勝裕 2008 Printed in Japan ISBN 978-4-7973-4792-0

= SoftBank Creative